ICE

Technik – Geschichte – Einsatz

Dörflinger | Franke

GeraMond

Inhalt

Der ICE 3 ist der deutsche Zug mit der höchsten Reputation. Seine neue Antriebstechnik gilt als zukunftsweisend.
Foto: Bombardier

Im Testbetrieb: Der ICE V auf der Neubaustrecke Würzburg–Hannover.
Foto: Vetter

Die Geschichte – von der E10 300 zum ICE V

Alte Ansicht der E 10 300. Diese Lok wurde als Testlok für den zukünftigen Schnellverkehr modifiziert. Sie war etwa 50 km/h schneller als ihre Schwestern in der Standardbauweise.
Foto: Sammlung Brian Rampp

MIT 200 KM/H

E10 300

Aus einer Serienlok der Baureihe 110 wurde ein Versuchsträger, der es auf freier Strecke auf eine Geschwindigkeit von 200 km/h brachte.

Mit der E 10 stellte die Bundesbahn 1952 ihre Schnellzuglok aus der neuen Serie der Einheitselektroloks vor. Die kobaltblauen Maschinen prägten den schnellen Personenzugverkehr ihrer Zeit. Als absehbar war, dass eine moderne Lok auf den inzwischen modernisierten Schienenwegen der Republik gebraucht wurde, wählte man die beiden Fahrzeuge E 10 299 und E 10 300 als Versuchsloks aus. Sie wurden abweichend von den anderen Mitgliedern der Baureihe mit neuen Drehgestellen auf Geschwindigkeiten von rund 200 km/h ertüchtigt.

Die E 10 300 bekam einen Gummiring-Kardan-Antrieb der Firma SSW. Dieser wurde später auch bei der E 03 verwendet. Die Fahrmotoren waren direkt in das Drehgestell eingebaut. Dadurch wurde die Laufleistung gleichmäßiger und ruhiger. Auf diese Weise konnten höhere Geschwindigkeiten gefahren werden, ohne dass die Passagiere beeinträchtigt worden wären.

Zwischen Bamberg und Forchheim führte die Bahn Versuchsfahrten mit hohen Geschwindigkeiten durch. Dabei wurde neben dem Antrieb auch die Verbindung von Stromabnehmer und Oberleitung geprüft. Am 22. November 1963, dem Tag, an dem John F. Kennedy ermordet wurde, erreichte E 10 300 die Geschwindigkeit von 200 km/h. Nach Abschluss der Tests wurde die Lok in den allgemeinen Fahrdienst übernommen und tat in verschiedenen Regionen Deutschlands bis 2010 ihren Dienst, wobei sie mehrfach umlackiert wurde.

E 10 299 hatte alternativ einen Verzweiger-Antrieb bekommen, der sich zwar auch bewährt hatte, allerdings etwas schwerer war und bei der E 03 nicht zum Einsatz kam.

TECHNISCHE DATEN

E 10 300
Basis: Baureihe E 103
Länge über Puffer: 16.440 mm
Achsfolge: Bo'Bo'
Treibraddurchmesser: 1.250 mm
Dienstgewicht: 84,5 t
Maximale Radsatzlast: 21,2 t
Antriebsart: Gummiring-Kardan-Antrieb (SSW)
Motor: 14-poliger Reihenschlussmotor
Leistung: 4x925 kW
Stromsystem: 15kV~/16,7Hz
Indienststellung: 1963
Regeldienst: ab 1971
Z-Stellung: 2011
Stückzahl: 1
Höchstgeschwindigkeit: 200 km/h

HENSCHEL DE 2500

Die UmAn-Lok 202 003

Der Prototyp mit der Technik, die später für die ICE-Triebköpfe verwendet wurde, war ein Umbau aus einer dieselelektrischen Lokomotive.

Rheinstahl-Henschel und BBC stellten drei Dieselloks der Baureihe 202 her. Die dritte Maschine wurde zur Elektrolok mit Drehstromantrieb umgebaut.
Foto: Archiv GeraMond

Die beiden Hersteller BBC und Rheinstahl-Henschel hatten bis 1973 den Versuch unternommen, die Deutsche Bundesbahn von den Vorteilen des dieselelektrischen Antriebs zu überzeugen. In anderen Ländern, allen voran den USA, war diese Technik bei Dieselloks der Standard. Die drei Maschinen erhielten die Bezeichnung DE 2500. Doch die DB hielt an dieselhydraulischen Loks fest.

Nun hatte die Bundesbahn drei Maschinen, die sie nicht im Verkehr einsetzte. Bereits 1974 wurde die zweite Lok 202 002 zu einer Gleichstrom-Elektrolok umgebaut und sollte in die Niederlande gehen. Ausgiebige Tests folgten. Doch entschied sich die NS später für eine französische Lokomotive.

202 003 sollte zu Versuchen herangezogen werden, mit denen man Erfahrungen für den Hochgeschwindigkeitsverkehr sammeln wollte. 1980 bekam sie den Führerstand und an einer Seite die stromlinienförmige Verkleidung der 103 sowie neue Drehgestelle. Der Name UmAn-Lok rührt von der steuerbaren Umkopplung der Antriebsmassen des vorderen Fahrmotors her. Bei höheren Geschwindigkeiten wurden die Fahrmotoren am Wagenkasten angelenkt. Dadurch wurden die ungefederten Massen reduziert. Die Folge waren deutlich bessere Laufeigenschaften. Bei Tests auf dem Rollprüfstand erreichte die UmAn-Lok bis zu 310 km/h.

Für die Entwicklung des ICE hatte diese Technik eine besondere Bedeutung, denn dieses Prinzip sollte später bei den Triebköpfen des ICE wieder auftauchen. Drehstromloks werden heute nach den damals entwickelten Konstruktionen gebaut. Die UmAn-Lok kann heute im Technikmuseum Berlin besichtigt werden.

TECHNISCHE DATEN

UmAn-Lok 202 003
Basis: Baureihe DE 2500
Länge über Puffer: 18.000 mm
Höhe: 4.280 mm
Breite: 3.070 mm
Achsfolge: Bo'Bo'
Treibraddurchmesser: 1.100 mm
Dienstgewicht: 76 t
Leistung: 1.840 kW
Stromsystem: 15kV~/16,7Hz
Stromart: Drehstrom
Baujahr: 1973
Stückzahl: 1
Höchstgeschwindigkeit: 310 km/h

103 113 im klassischen Farbkleid des Trans-Europ-Express.
Foto: thofi2/Fotolia.de

TECHNISCHE DATEN

Baureihe 103

Länge über Puffer: 19.500 mm

Achsfolge: Co'Co'

Treibraddurchmesser: 1.250 mm

Dienstgewicht: 114 t

Maximale Radsatzlast: 19,3 t

Antriebsart: Gummiring-Kardan-Antrieb (Siemens)

Motor: 12-poliger Reihenschlussmotor

Leistung: 6 x 1.180 kW

Stromsystem: 15kV/16,7Hz

Indienststellung: 1971–1974

Stückzahl: 149

Höchstgeschwindigkeit: 200 km/h

DIE INTERCITY-LOK

Baureihe 103

Die Lieblingslok einer Generation von Eisenbahnfreunden, die heute im besten Alter sind, fuhr als Erste eine Reisegeschwindigkeit von 200 km/h.

Als 1965 die ersten Vorserienloks dieser Baureihe fertiggestellt wurden, galt noch das alte Nummernschema. Sie hatten deshalb die Baureihenbezeichnung E 03. Mit Beginn der EDV-Nomenklatur im Jahr mutierte die Baureihe zur 103. Im selben Jahr wurden die ersten Serienmaschinen in Dienst gestellt.

Die Vorserie wurde von Henschel und Siemens-Schuckert (SSW) gebaut. Später wurden auch andere Hersteller einbezogen. Die Bundesbahn setzte die 103 vor Schnellzügen ein, vor allem dem ab 1971 im Intercity-Verkehr. Aber auch vor dem TEE und dem berühmten „Rheingold“ fand die 103 ein Betätigungsfeld.

Der sehr anspruchsvolle Dienst führte zu einem schnellen Verschleiß der Loks. In den 1980ern übernahm die neue Baureihe 120 viele Aufgaben der 103. Ab 1996 löste die 101 die meisten noch verbliebenen 103er ab. Wegen der Entscheidung der DB für Triebwagen-ICE ist die 103 bis heute die leistungsstärkste deutsche Lok im Planeinsatz aller Zeiten. Vier Exemplare stehen bis heute als Reserve bereit.

Baureihe 403 als Lufthansa-Airport-Express in Köln.
Foto: T. Feldmann

DER „DONALD DUCK"

Baureihe 403

Die ersten Elektrotriebwagen der Bundesbahn stammten aus dem Jahr 1970. Auch sie erreichten 200 km/h. Doch wegen der Ölkrise fehlte das Geld für Investitionen.

Die amerikanische Zeichentrickente war sicherlich ähnlich erfolglos wie die Baureihe 403, aber sie setzte genau wie die ersten Elektrotriebwagen der DB wesentliche Akzente für die kommende Zeit. 1970 wurden diese Triebwagen bestellt. Sie sollten im Schnellverkehr eingesetzt werden und bei bis zu 200 km/h den Fernverkehr revolutionieren. Das ungewöhnliche Design und die luxuriöse Innenausstattung sollten eine neue Ära einläuten. Drei Züge wurden bis 1973 ausgeliefert, doch dann war Schluss. Die schwierige Haushaltslage nach dem Ölschock erforderte Einsparungen.

Die Baureihe 403 krankte vor allem an der Aerodynamik. Da die Außenhaut nicht bündig konstruiert war, kam es bei hohen Geschwindigkeiten zu großen Problemen. Doch gerade die hohe Geschwindigkeit sollte ja das Alleinstellungsmerkmal dieser Baureihe sein.

Seinen Dienst tat der damalige Premiumzug zunächst zwischen Bremen und München. Ab 1982 pendelte er als Lufthansa-Airport-Express zwischen den Flughäfen Düsseldorf, Frankfurt und Stuttgart.

TECHNISCHE DATEN

Baureihe 403

Länge über Puffer: 27.450 mm (Endwagen)

Achsfolge: Bo'Bo'+Bo'Bo'+Bo'Bo'+Bo'Bo'

Treibraddurchmesser: 1.050 mm

Dienstgewicht: 235,7 t

Antriebsart: Gummiring-Kardan-Antrieb

Leistung: 3.840 kW

Stromsystem: 15kV/16,7Hz

Indienststellung: 1973

Z-Stellung: 1993

Stückzahl: 3

Höchstgeschwindigkeit: 225 km/h

Der TGV, hier auf einer Fahrt im Burgund, war bei seiner Einführung 1981 auf der Strecke Paris–Lyon der erste Hochgeschwindigkeitszug Europas. Für seinen Einsatz war die Strecke neu gebaut worden und wurde stark verkürzt.
Das Triebwagenkonzept war erfolgreich etabliert worden. Sicher trug die Erfolgsgeschichte des „Train à grande vitesse" viel dazu bei, dass die Entscheider bei der Bundesbahn letztlich von der Lokomotive abgekommen sind.
Foto: PHB.cz/Fotolia.de

DIE ENTSCHEIDUNG

Triebzüge favorisiert

Loks mit angehängten Wagen oder Triebwagen mit Mittelwagen? Tradition und Moderne kämpften lange gegeneinander. International war längst alles klar.

Der Erfolg der Baureihe 120 gab den Kräften Auftrieb, die sich für die Loklösung starkmachten. Die Vorteile waren nicht von der Hand zu weisen. Ein Betrieb mit lokbespannten Garnituren bedeutete natürlich ein deutliches Plus an Flexibilität. Je nach Bedarf konnten mehr oder weniger Wagen angehängt werden.
Immerhin war klar, dass die Hochgeschwindigkeitsstrecken mit elektrischem Oberleitungs-Fahrdraht betrieben werden sollten. Das war sehr sinnvoll, denn damit waren sie auch für andere E-Loks verwendbar.
Das Scheitern des ET 403 warf die Befürworter der Triebwagenlösung zurück. Doch das Problem der ungünstigen Aerodynamik bei Lokomotive und Wagen war nicht zu lösen. Auch bei den Pionieren des Hochgeschwindigkeitsverkehrs in Japan und Frankreich war man mit Triebwagen sehr erfolgreich. So wurden Planungen für einen dreiteiligen „Super-IC"

vorangetrieben. Doch die Industrie arbeitete schneller als die Bundesbahn. Aus Frankfurt waren keine konkreten Zielvorgaben zu erhalten, weshalb ein bisschen ins Blaue hinein getestet wurde.
In Frankreich gedieh der TGV zu einem der großen Prestigeprojekte, mit denen das Land verlorenes Terrain gegenüber anderen Nationen wieder aufzuholen glaubte. Doch was noch besser war: Der Hochgeschwindigkeitsverkehr in Frankreich war rentabel. Dem standen jedoch die hohen Kosten der zu bauenden Hochgeschwindigkeitsstrecken und die Entwicklungskosten der Fahrzeuge gegenüber.
Erst 1978 stellte die DB einen Anforderungskatalog für ein künftiges Hochgeschwindigkeitsfahrzeug vor. Das Konzept wurde dahin gehend weiterentwickelt, dass ein Zug mit zwei symmetrischen Triebköpfen vorgesehen war, den ein Mess- und fünf Demonstrationswagen ergänzen sollten. Bei den Letzteren wurde der Rotstift angesetzt, dem schließlich vier Wagen zum Opfer fielen.
Medienwirksam sollte das 150-jährige Bahnjubiläum im Jahr 1985 als Stichdatum für die Vorstellung eines eigenen Hochgeschwindigkeitszuges genutzt werden. Die Bahn stellte nun auch geeignete Teststrecken zur Verfügung. Damit war die Industrie jetzt wieder stärker interessiert. Ein gutes Geschäft bahnte sich an. Dank finanzieller Beteiligung der Bundesbahn wurden drei Mittelwagen möglich. Der jetzt fünfteilige Zug trug intern den Namen „R/S-VD“.

Anlässlich des Bahnjubiläums von 1985 wurde der InterCity-Experimental vorgestellt.
Foto: Bundesbahn

Seit 1985 testet die Bundesbahn den InterCityExperimental. Der Prototyp fährt vorrangig auf den Neubaustrecken, wie hier zwischen Fulda und Würzburg im Mai 1987.
Foto: A. Schöppner

EIN ECHTER WELTREKORDLER

Der ICE V entsteht

Als 1981 das erste Modell des zukünftigen deutschen Hochgeschwindigkeitszugs gebaut wurde, standen noch viele Anstrengungen bevor.

Bei den Finanzierungsverhandlungen zwischen den Projektbeteiligten wurde der Begriff „R/S-VD" zugunsten des griffigeren Begriffs „InterCityExperimental" ersetzt. „InterCity" sollte dabei das Ziel der Deutschen Bahn unterstreichen, dass die mit diesem Triebzug zu erzielenden Forschungsergebnisse in künftige Triebzugentwicklungen für den IC-Verkehr einfließen würden.

Die Entstehung des Namens „ICE"

1981 entwickelte Alexander Neumeister zusammen mit MBB ein Mock-Up des ICE, der dem damaligen Bahnvorstand vorgestellt wurde. Anschließend wurden die Entwicklungsarbeiten begonnen. Bereits im Oktober 1983 wurde der erste Triebkopf fertiggestellt, 1984 Druckversuche durchgeführt. Ein Jahr später wurde der ICE V bei MBB in Donauwörth der Öffentlichkeit vorgestellt („Rollout").

Am 26. November 1985 erfolgte auf der Strecke Bielefeld–Hamm die Jungfernfahrt, bei der eine Geschwindigkeit von 317 km/h erreicht wurde. Bereits 1984 begannen die ersten Arbeiten für den Serien-ICE, der jetzt den Namen „InterCityExpress" erhielt. Nach über 20 Monaten Verhandlungen konnten am 20. Januar 1989 die Lieferverträge für die ersten 82 Triebköpfe unterschrieben werden. Diese Verträge erhielten eine bis zum 30. Juni 1989 befristete Option über weitere 38 Triebköpfe zu den gleichen Bedingungen. Im Frühjahr dieses Jahres gab die Bahn die für das erste Baulos benötigten 492 Mittelwagen in Auftrag.

1993 wurden die Triebköpfe des ICE V zu Siemens überstellt, wo Tests mit funktionsfähigen Scharfenbergkupplungen stattfanden. Diese Tests

TECHNISCHE DATEN

ICE V Gesamtzug

Fahrzeugbegrenzung: UIC 505

Zusammenstellung, Versuch: Triebkopf-Messwagen, Demo 1/2, Triebkopf

Zus.stellung, Demonstration: Triebkopf-Messwagen, Demo 1, Demo 2, Triebkopf

Höchstgeschwindigkeit, Versuch: 350 km/h

Höchstgeschwindigkeit, Demo.: 300 km/h

Baujahre: 1985–1988

Spurweite: 1.435 mm

Zugleitsysteme: Indusi, LZB, Sifa

Zuggewicht leer: 296 kg

Beschleunigung: 0,71 m/s

Weltrekord für ein knappes halbes Jahr, deutscher Rekord bis heute: Am 1. Mai 1988 erreicht der ICE-V 406,9 km/h.
Foto: Slg. M. Niedt

dienten dem späteren ICE 2, der als Halbzug mit einem Triebkopf und Steuerwagen ausgebildet wurde.
Als der ICE 2 den Betrieb aufnahm, hatte der einstige Weltrekordträger ausgedient. Der Triebkopf 410 001, der über die Scharfenbergkupplung verfügt, und der Mittelwagen 810 001 (Demowagen 1) wurden an das Forschungs- und Technologiezentrum in Minden übergeben. Dort stellte man den ICE V als Denkmal auf einem kleinen Berg auf. Der andere Triebkopf steht nach einiger Zeit in einem kleinen Kämmerchen im FTZ München mittlerweile im Deutschen Museum München. Der Messwagen sollte an das Museum Nürnberg überführt werden, es gab jedoch Probleme. Der dritte Mittelwagen stand viele Jahre ungeschützt im AW Nürnberg und war zuletzt nicht mehr erhaltungswürdig. Beide Mittelwagen wurden mittlerweile verschrottet.

Führerstand des ICE V

Noch sehr monströs und der Baureihe 111 ähnlich präsentiert sich der Führerstand des ICE V. Die Anordnung der Bedienelemente entspricht weitgehend dem der neueren DB-Fahrzeuge. Die Dicke der Frontscheibe aus Verbund-Sicherheitsglas des ICE V beträgt 2,28 cm, sie ist beschusssicher und beheizbar. Wie auch bei den Baureihen 401 und 402 sind alle wichtigen Geräte im Triebkopf untergebracht, wobei auf eine gleichmäßige Achslastverteilung geachtet wurde.

Am 1. Mai 1988 war der ICE V der schnellste Zug der Welt. Dieses Zugschild erinnert an den großen Tag. Die Geschwindigkeit wurde dabei etwas abgerundet, denn es waren 406,9 km/h.
Foto: Michael Dörflinger

Fahrmotor und Antrieb

Der Fahrmotor war als vierpoliger Asynchron-Motor ausgeführt. Das geschweißte Fahrmotorgehäuse enthielt die Ständerbleche und Lüftungskanäle. Der Läufer war als einfacher Käfigläufer mit massiven Kupferstäben gebildet. Der Motor konnte somit mit dauernd 950 kW belastet werden statt der 700 kW, die durch die Industrie vorgegeben wurden. Die Maximalleistung jedes Motors war mit 1.078 kW bemessen, die größte Drehzahl betrug dabei 3.670 U/min. Die Gesamtmasse betrug 1.865 kg.
Betrieben wurde er mit einer dreiphasigen Motorvordrossel. Diese Drossel begrenzte die Oberschwingungsströme, verursacht durch den Stromrichterbetrieb. Ab einer Geschwindigkeit von 235 km/h war diese Vordrossel

Nachdem 410 002 länger in München-Freimann in einer Halle stand, wurde er im April 2006 ins Verkehrszentrum des Deutschen Museums überführt.
Foto: Claudia Franke

nicht mehr nötig und wurde überbrückt. Für die Speisung des Motors stand aus der Drehstromsammelschiene eine maximale Spannung von 2.200 V mit einer Frequenz zwischen 0 und 130 Hz zur Verfügung.

Durch die hohe Belastung und Leistung der Fahrmotoren musste auch eine Fremdkühlung der Motoren und Motorvordrosseln gewährleistet sein. Dafür befanden sich im Triebkopf vier Fahrmotorlüfter, wie auch beim ICE 1 und 2. Motor und Lüfter waren dabei flexibel mit Luftkanälen miteinander verbunden. Zudem sorgten die Fahrmotorlüfter auch für die Belüftung des Maschinenraumes.

Der Fahrmotor war mit dem Getriebegehäuse fest verschraubt. Dieses trug auch das Wälzlager für die Bremshohlwelle. Diese Welle umschloss mit großem Innendurchmesser die Antriebshohlwelle und die Radsatzwelle. Alle Wellen waren durch einseitige Gummigelenk-Kardan-Antriebe verbunden. Weil zwei Hohlwellen ineinandergeschoben waren, wurde der Abstand zwischen Fahrmotor und Radsatzwelle so groß, dass im Getriebe ein Zwischenrad eingefügt werden musste. So entstand auch das Zwischenradgetriebe, welches im ICE 1 und 2 ebenfalls Anwendung fand – und später auch bei der Baureihe 101.

Durch das Antriebskonzept konnte der ICE V mit zwei Triebköpfen und drei Mittelwagen innerhalb von 500 m auf 100 km/h beschleunigen – innerhalb 38 Sekunden. Für 200 km/h benötigte er 2,7 km bzw. 1,5 Minuten und für 300 km/h 12,5 km bzw. knappe 4 Minuten.

TECHNISCHE DATEN

ICE V Triebkopf

Länge über Kupplung: 20.560 mm
Breite: 3.070 mm
Höhe ohne Stromabnehmer: 3.820 mm
Achsfolge: Bo'Bo'
Drehmittenentfernung: 11.460 mm
Achsabstand: 3.000 mm
Treibraddurchmesser neu: 1.000 mm
Treibraddurchmesser abgenutzt: 950 mm
Masse Triebkopf: 78.000 kg Masse mechanischer Teil: 39.838 kg
Masse elektrische Ausrüstung: 38.162 kg

Kupplung und Übergänge

Beim ICE V erprobte man noch eine sehr komplizierte Übergangstechnik. Gummi-Rohrbälge konnten zugunsten der Aerodynamik sowie der Lärm- und Kälteabweisung nicht verwendet werden. Die Firma LHB fand schließlich eine Lösung. Das Prinzip des Doppelkugelgelenks, bei dem die Wagenenden die Gelenkköpfe, das aus GFK hergestellte und teilbare Übergangselement die Kugelpfannen bildeten. Dieses Übergangselement kann im Bereich der Kupplungsebene getrennt werden. Für die Dichtung

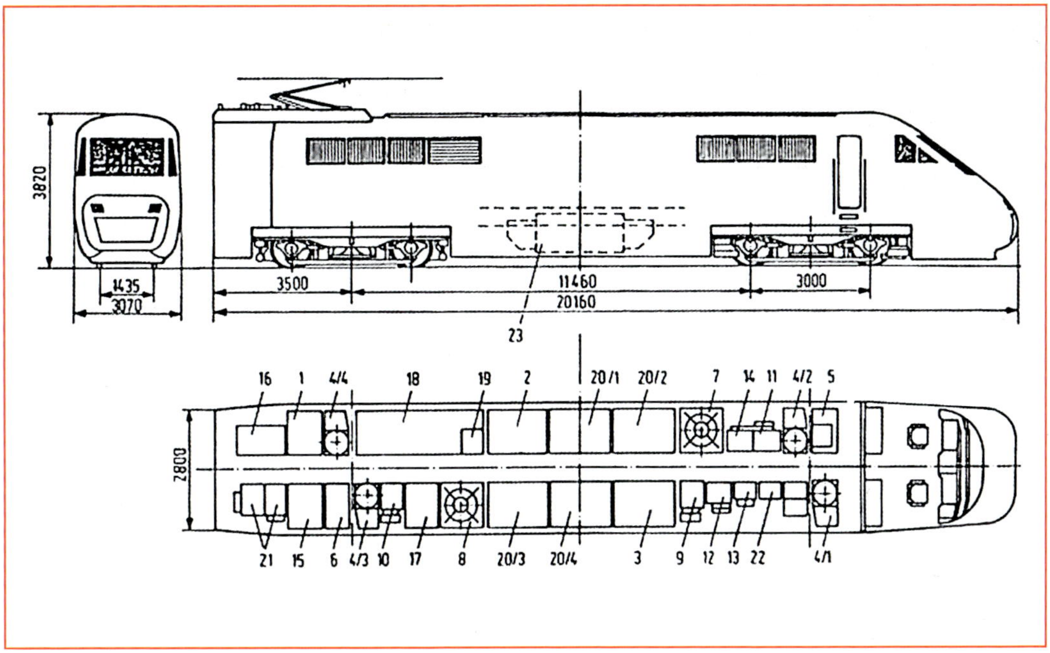

ICE V Geräteanordnung:

1	Einspeisung, Netzfilter
2/3	Schütze, Wandler, Drossel
4 (/1-4)	Fahrmotorbelüftung
5/6	Drosselschutz, Wandler
7/8	Ölkühlanlage
9/10	Hilfsbetriebeumrichter
11-14	Elektronik
15/16	Steuerstromgeräte
17	Hilfsbetriebe, Schaltgeräte
18	Druckluftausrüstung
19	Klimaanlage
20 (/1-4)	Hauptstromumrichter
21	Messtechnik, Diagnose
22	LZB
23	Transformator

Foto: Bundesbahn

kamen kräftige Gummidichtungen zum Einsatz. Die Triebköpfe sind mittels automatischer Scharfenbergmittelpufferkupplungen, die nur in den Werken gelöst werden können, mit den Mittelwagen verbunden. Für Notfälle dient eine Notkupplung an der Frontseite.

Stromabnehmer für den ICE V

Für den neuen Hochgeschwindigkeitsverkehr mussten Stromabnehmer entwickelt werden, die auch bei hoher Geschwindigkeit einen störungsfreien Betrieb garantieren. Für die DB-Oberleitung Re 250 wurde der Stromabnehmer vom Typ DSA 350 verwendet. Die Optimierungsarbeiten erfolgten in Zusammenarbeit mit der Gesamthochschule Kassel und der Deutschen Forschungs- und Versuchsanstalt für Luft- und Raumfahrt (DFVLR).

Das Diagnosesystem DIAS im ICE V

Das Diagnosesystem des ICE V hieß „DIAS“ und wurde von MBB konstruiert. Dieses System war über ein Datenbussystem mit den Komponenten des Gesamtsystems verknüpft. Die im Triebkopf angeordneten Diagnose-Anzeige- und Bedieneinheiten (ABE) erfassten die Steuerkommandos, Messdaten und Betriebszustände aller angeschlossenen Komponenten, die über Terminals ausgelesen wurden. „DIAS“ erkennt Störungen im gesamten Zug, meldet, registriert die Störungen, zeigt sie an und identifiziert die Fehler genauer.

„DIAS“ setzte sich aus den vier Ebenen „Vor Fahrtantritt“, „Während der Fahrt“, „Nach der Fahrt“ und „im Instandhaltungsbereich“ zusammen. Vor Fahrtantritt wurden Sicherheits- und Funktionstests in den Subsystemen durchgeführt. Die zweite Ebene „Während der Fahrt“ sorgte für einen fehlerfreien Betriebszustand, indem das System den Betriebszustand in den Bereichen Fahrsicherheit und Betriebsablauf überwachte. Die Ebene „Nach der Fahrt“ fasste alle gesammelten Störungen, die während der Fahrt aufgetaucht sind, zusammen. Die letzte Ebene „im Instandhaltungsbereich" stellte alle verfügbaren Daten zusammen, um eine zügige Abwicklung der Reparatur im Werk zu gewährleisten.

Die Drehgestelle des ICE V waren für Geschwindigkeiten bis über 400 km/h vorbereitet.
Foto: Slg. M. Niedt

Fahrzeug- und Wagenkasten

Fahrzeugkasten

Das Untergestell des ICE V besteht aus zwei kräftigen, als Kastenprofil ausgebildeten Außenlangträgern sowie zwei mit der offenen Seite nach außen angeordneten u-förmigen Mittellangträgern. Diese Langträger sind im Kopfbereich diagonal auf die in Kupplungshöhe angebrachten Prallflächen angeschlossen. Das hintere Kopfstück besteht aus einem geschweißten Kasten. Die Bodengruppe wird durch 15 Querträger aus Kastenprofil versteift. Die Sekundärfederung kann an den Querträgern, die in Drehgestellmitte angeordnet sind, angebracht werden. In der Wagenkastenmitte befinden sich die beiden stärksten Querträger. Hier werden der Transformatorkessel sowie die Zug-Druckstangen angebracht. Die Seitenwände bestehen aus einem Gerippe aus Vierkantrohren mit Blechbeplankung. Die Beulfestigkeit der Seitenwand konnte durch einen durchgehenden Dachlangträger erhöht werden. Das Dach des Triebkopfes ist komplett abnehmbar.

Drehgestelle

Es wurden insgesamt drei Laufdrehgestelle im ICE V entwickelt. Diese waren:

- **MD 52-350, Hersteller Waggon-Union**
- **Koppelrahmen-Drehgestell, Hersteller MAN**
- **Hochleistungs-Drehgestell, Hersteller MBB**

Wagenkasten

Die Wagenkästen sind selbsttragend und wurden geschweißt. Verwendet wurden Aluminium-Strangpressprofile aus AlMgSi 0,7 und AlZnMg1 F35. Die Seitenwände wurden in Differenzialbauweise aus Groß-Strangpressprofilen ausgeführt. Das Dach der Mittelwagen besteht aus vier längs gerichteten und zusammengeschweißten Strangpressprofilen. Die Kopfwände bestehen aus einer Kombination von Strangpressprofilen, Abkantteilen und Aluminiumblechen.

Die Drehgestelle des ICE V

Triebdrehgestelle

Für ein optimales Fahrverhalten war ein tragfähiges Triebdrehgestell-Konzept zu entwickeln: Dabei wurde auf das UmAn-Prinzip zurückgegriffen. Die Drehgestelle für den ICE V tragen den Namen MD 52 und haben eine sehr bemerkenswerte Eigenschaft, die bei der Motor-Getriebeeinheit liegt. So sind zwei Drittel des Gewichtes am Lokkasten aufgehängt. Der Drehgestellrahmen des ICE V besteht aus einem umlaufenden Rahmen in geschweißter Kastenbauweise aus Stahlblechen. Die Langträger des Drehgestells sind im Bereich der Sekundärfederung durchgekröpft. Die Radsatzlagerführung erfolgt in Längsrichtung durch Lenker mit sphärischen Gummigelenken, in Querrichtung durch die Schraubenfedern der Primärstufe. Die Primärfederung, die zusätzlich durch einen vertikal wirkenden Stoßdämpfer unterstützt wird, besteht aus einem Schraubenfedernpaar je Radsatzlager. Die Sekundärfederung, die durch einen parallel wirkenden Vertikaldämpfer unterstützt wird, besteht aus je einem Paar Flexicoil-Schraubenfedern.

TECHNISCHE DATEN
ICE V
Elektrische Ausrüstung
Stromsystem: 15 kV 16,7 Hz
Stromabnehmer Hersteller: AEG
Stromabnehmer Typ: Einholm-Stromabnehmer
Fahrmotoren Bauart: Drehstrom-Asynchron
Fahrmotoren-Dauerleistung: 4 x 950 = 3.800 kW
Fahrmotor, maximale Leistung: 4.312 kW
Kosten je Zug: 48,1 Mio. €
Anzahl der Züge: 1

Laufdrehgestelle

Das Drehgestell MD 52-350 wurde unter dem Mess- und Demowagen 2 verwendet. Es stellt eine Weiterentwicklung des bei der DB im InterCity-Verkehr erfolgreich eingesetzten Drehgestells MD 522 dar. Dieses Drehgestell ist für Höchstgeschwindigkeiten von bis zu 200 km/h zugelassen. Die Radsätze des Drehgestells MD 52-350 besehen aus Monobloc-Rädern mit Schallabsorbern. Außerdem wurden auf der Radsatzwelle Bremsscheiben aufgepresst. Ein einfaches Ein- und Ausbauen des Radsatzes ist mög-

lich, weil die Lager als Wechsellager konzipiert sind. Die Radsatzlager des Messwagens sind mit Kegel-Rollenlagern ausgestattet. Die Drehgestelle des Demowagens 2 wurden dagegen mit Zylinder-Rollenlagern ausgerüstet. Federblatt-Radsatzlenker sind für die Radsatzführung verantwortlich. Der Wagenkasten, der mit Drehzapfen mit dem Drehgestell verbunden ist, ruht auf einer „Wiege". Querbewegungen dieser Wiege werden durch einen mit dem Drehgestellrahmen verbundenen hydraulischen Schwingungsdämpfer abgedämpft. Schwingmetallschienen übernehmen die Längsführung.
Schlingerbewegungen werden durch Drehhemmungen gedämpft. Zur Verminderung der Geräusche sind die Radscheiben mit Absorbern ausgerüstet.
Das Koppelrahmen-Drehgestell der Firma MAN wurde unter dem Demowagen 1 angebracht. Es erlaubt aufgrund seiner Steifigkeit einen guten Lauf in der Geraden, aber auch eine gute Einstellbarkeit der Radsätze in Bögen. Bei dem Hochleistungs-Drehgestell von MBB wurden Faser-Verbundwerkstoffe eingesetzt. Diese Stoffe erbringen eine Gewichtseinsparung von 25 Prozent.
Der Wagenkasten wird über eine Mittelplatte und einen gummigelagerten Drehzapfen (mäanderförmig am Rahmen) abgestützt.
Mit diesem Drehgestell waren auf dem Prüfstand Geschwindigkeiten bis zu 500 km/h problemlos möglich. Allerdings setzte man dieses Drehgestell nicht planmäßig beim ICE V ein, sondern nur bei temporären Versuchen.

Das Bremssystem im ICE V

Die Bremsanlage des ICE V besteht aus der elektrodynamischen Netzbremse, der linearen Wirbelstrombremse sowie der pneumatisch gesteuerten Scheibenbremse. Der ICE V war der weltweit erste Zug, der mit einer Wirbelstrombremse ausgestattet wurde.

Ab 1993 wurde der ICE V zur Erprobung der Kupplungstechnik für die neuen ICE-2-Züge herangezogen. Die Fronten der Triebköpfe wurden deshalb entsprechend umgebaut. Hier ein Blick hinter die geöffnete Verkleidung.
Foto: C. Völk

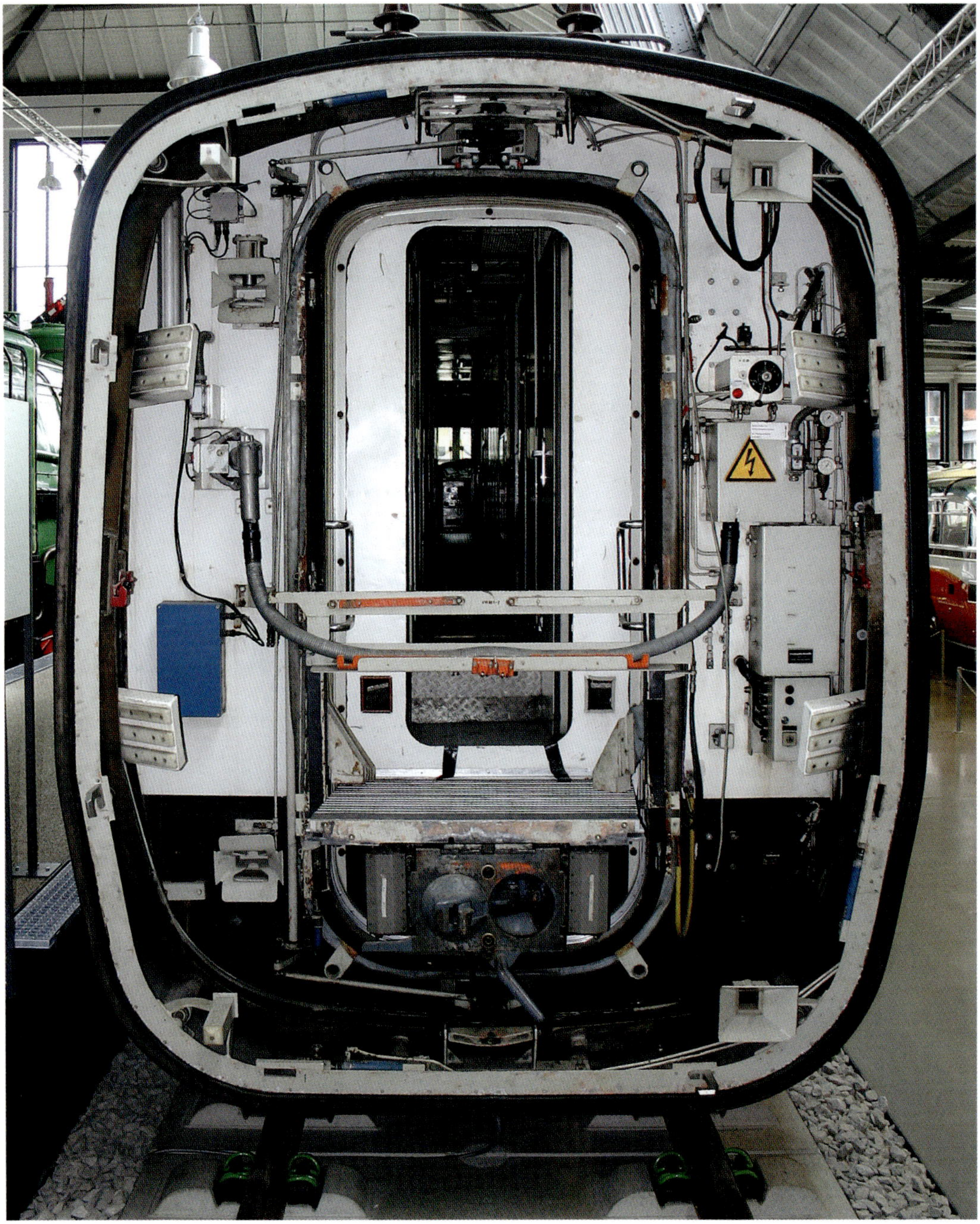

Der Übergang am 410 002. Übergangsschutz und Koppelelemente sollten die Schwingung zwischen den Wagen verringern. Auf diese teure Lösung wurde beim 401 verzichtet.

Foto: Claudia Franke

Auf jedem Laufradsatz sind zwei Wellenbremsscheiben für die pneumatische Bremse vorgesehen. Dieses Konzept wurde jedoch überarbeitet. Für die Bremsbeläge wurde eine Sintermetall-Lösung entwickelt.

Bei einer Bremsung wird zuerst die Netzbremse angesprochen. Bei steigender Bremsanforderung wird die Wirbelstrombremse zugeschaltet, eventuell wird diese durch die Scheibenbremse ergänzt. Im Notfall wird mit der Scheibenbremse und der batteriegespeisten Wirbelstrombremse gearbeitet, da die Netzbremse infolge ihrer Fahrdrahtabhängigkeit ausfallgefährdet ist.

Zur Erprobung für die ICE-2-Züge erhielten die ICE-V-Triebköpfe neue Fronten mit Kupplungen. Am 20. September 1993 befanden sich die umgebauten Fahrzeuge auf einer Testfahrt bei Obersinn.
Foto: A. Schöppner

Das entwickelte Bremssystem erwies sich nach den Versuchsfahrten als sehr leistungsfähig. Auch die Lokführer schätzten dieses System, gerade bei Laubfall und nassen Schienen zeigte die Wirbelstrombremse eine gute Wirkung. Der Schnellbremsweg aus 200 km/h betrug somit 1.280 m, aus 300 km/h 3.190 m.

Zugsteuerebene

In jedem Triebkopf war ein zentraler Zugsteuerrechner (ZSG) in 16-bit-Technik eingebaut. Dieser hat die AFB mit der Befehlsebene verknüpft. Nur das ZSG des aktiven Triebkopfes war wirksam. Aus den Fahrbefehlen des Lokführers oder der LZB (Zugkraft, Sollgeschwindigkeit, Bremskraft) ermittelte der Geschwindigkeitsregler in der AFB aus der Differenz zwischen aktueller Ist- und Sollgeschwindigkeit einen Beschleunigungs- oder Verzögerungswert. Dieser wiederum führte dann zu der errechneten erforderlichen Zug- oder Bremskraft.
Durch das Gleiten zwischen Rad und Schiene eines Eisenbahnfahrzeugs können die Werte für Weg- und Geschwindigkeitsmessung verfälscht sein. Diese ZWG (Zentrale Weg- und Geschwindigkeitsmessung) bezog die Werte von einem Drehzahlgeber am Rad – wie später beim ICE 1 und 2 auch. Damit die gelieferten Werte dennoch als wirklichkeitsgetreu verwendet werden konnten, wurden durch mehrere Drehzahlgeber an verschiedenen Rädern Mittelwerte gebildet. Hierbei wurden unplausible Werte wie die von einem schleudernden oder einem Laufradsatz ausgeblendet.
Weiterhin wurden Versuche durchgeführt, um radunabhängige Weg- und Geschwindigkeitsmesssysteme zu realisieren. Dabei entwickelte man das vsb-Radar (v = Geschwindigkeit, s = Weg, b = Beschleunigung). Beim ICE V wurde somit der Wert für die Istgeschwindigkeit von Drehzahlgebern an allen Radsätzen des Zuges und zusätzlich radunabhängig von diesem Radar am Triebkopf geliefert. Die Signale vom ZSG wurden mit Datentransferrechnern auf Lichtwellenleiter (LWL) übertragen und weiter an die LWL-Stationen im Zug geleitet. Zwischen den Wagen wurde die

So sah der ICE-Schriftzug auf dem ICE V aus. Er war deutlich avantgardistischer als jener der späteren Baureihen, allerdings schlechter lesbar.
Foto: Claudia Franke

Verbindung der LWL durch Linseneinsätze ermöglicht. Den Lichtstrahl am Ende des Lichtleiters lässt man auch heute noch beim ICE 1 und 2 als Strahlungskegel austreten. Durch eine anschließende Linse wird dieser Lichtstrahl zu einem Lichtstrahl mit 2,5 mm Durchmesser gebündelt. Sollte es zu versetzenden Bewegungen in der Mittelwagen-Kupplung kommen, so ist die Funktion jedoch weiterhin gewährleistet.

Klimaanlage
Die Klimaanlage stammt von den Firmen LUWA und MBB. Der Demowagen 1 sowie der Messwagen verfügten über Luftbehandlungsgeräte im Dachbereich an den Wagenenden. Der Demowagen 2 verfügte über ein Luftbehandlungsgerät im Dachbereich in der Wagenmitte.

Fahrzeugsteuerebene

Durch Datenübertragungsrechner wurden aus den LWL-Stationen der Einzelfahrzeuge die Signale übernommen. Ein Ein- und Ausgaberechner leitete dabei die Signale weiter an die Antriebs- und Bremssteuergeräte, den Diagnoserechner und an die Schnittstelle zur 110-V-Ebene. Die in den Triebköpfen doppelt ausgeführten Antriebssteuergeräte (ASG) verarbeiten die in der Zugsteuerung gebildeten Sollwerte für die Zug- und Bremskraft. Diese werden dann in motorspezifische Sollwerte (Drehmoment, Drehrichtung und in Signale für die Stromrichterregelung) umgewandelt.
Die gebildeten Werte für die Bremskraft wurden beim ICE V sowohl dem ASG als auch dem BSG (Bremssteuergerät) zugeführt. Die Bremse überwachte sich selbst. Bei Ausfällen wurden weiter noch verfügbare Bremsen zum Ausgleich der fehlenden Bremskraft hinzugenommen. Reichte dies nicht aus, wurde von der Zugsteuerung der Geschwindigkeitssollwert selbsttätig zurückgenommen.

Notsteuerung

Fiel die Zugsteuerung oder die Lichtleiterstrecke aus, so wurde die Antriebs- und Bremssteuerung direkt von den vom Lokführer vorgegebenen Werten für Zugkraft und generatorische Bremskraft versorgt. Die mechanischen Bremsen wurden durch die übliche Druckabsenkung in der HL ausgelöst. Bei einer Schnellbremsung sprachen auch die Wirbelstrombremsen an, die durch die Batterien versorgt wurden.

TECHNISCHE DATEN
ICE V Mittelwagen
Länge über Kupplung: 24.340 mm
Breite: 2.930 mm
Höhe über SO: 3.650 mm
Fußbodenhöhe über SO: 1.150 mm
Achsfolge: 2'2'
Achsabstand: 2.800 mm
Laufraddurchmesser neu: 920 mm
Laufraddurchmesser abgenutzt: 870 mm
Drehzapfenabstand: 17.000 mm
Sitzplätze 1. Klasse: 60
Sitzplätze 2. Klasse: 27
Eigengewicht (mit allen Vorräten), Demo-Wagen 1: 46.600 kg
Eigengewicht (mit allen Vorräten), Demo-Wagen 2: 45.540 kg
Eigengewicht (mit allen Vorräten), Messwagen: 50.540 kg

Wagenausstattung

Das Design des ICE V wurde von Alexander Neumeister aus München entwickelt. Die Sichtfenster waren eine Neuentwicklung, denn zwischen den beiden Glasscheiben befindet sich Gas. Die äußere, neun Millimeter starke Glasscheibe besteht aus Verbundglas mit Zwischenbedampfung. Die innere Scheibe besteht aus Einscheiben-Sicherheitsglas. Zwei elektropneumatisch betätigte Schwenkschiebetüren der Firma Kiekert AG befinden sich jeweils bei den Wagenübergängen.
Ein wenig anders als bei den heutigen ICE-Generationen präsentiert sich die Aufteilung der Mittelwagen. Der Demowagen 1 (Apz, 810 001-8) verfügte über einen Großraum 1. Klasse mit insgesamt 28 Sitzplätzen (Anordnung 2+1). Außerdem verfügte dieser Wagen über eine Lounge. Diese Lounge war durch eine Glaswand mit Schiebetür vom Großraum getrennt und bot Platz für acht Fahrgäste. An beiden Wagenenden, jeweils im Vorraum, befanden sich Toiletten.
Der Demowagen 2 (ABpz, 810 002-6) unterteilte sich in zwei Bereiche, der 1. Klasse mit 18 Sitzplätzen und der 2. Klasse, die insgesamt über 27 Sitzplätze verfügte. In der 1. Klasse befand sich ein Konferenzraum mit sechs Sitzplätzen. Die 1. Klasse wurde durch einem Zwischenraum, in dem sich ein WC sowie einer Galley befand, von der zweiten Klasse getrennt. Die Sitzaufstellung in der 1. Klasse war 2+1, in der 1. Klasse 2+2.
Die Sitzplätze stammen von der Firma Grammer, die Gestaltung der Sitze übernahm die amerikanische Firma DesignWorks. Schon bei den Sitzplätzen der 1. Klasse wurde eine Menge Technik eingebaut. Beispielsweise

eine Reservierungsanzeige, Kopfhöreranschluss, ein Knopf für die Beleuchtung, ein Aschenbecher, etc. Die Sitze konnten um bis zu 38 Grad nach hinten geneigt werden. Außerdem befand sich ein Schwenktisch an der rechten Seite des Sitzes. Auch Videodisplays und Kartentelefone waren an manchen Sitzplätzen vorhanden. Die Sitzplätze der 2. Klasse präsentierten sich dagegen eher spartanisch. Die Lehnen konnten beispielsweise nur bis zu 30 Grad nach hinten verstellt werden.
Der Messwagen des ICE V (810 003-4) gehörte zum Besten, das die DB zu bieten hatte. Im Messwagen kam vor allem die Mikroprozessortechnik der Firma MBB zum Einsatz. Die Messeinrichtung bestand aus den Bereichen Sicherheits-, Betriebs- und Untersuchungsmesstechnik mit insgesamt 600 Messgrößen. Dank dieser Daten konnte die nachfolgende ICE-Generation gut konzipiert und geplant werden.
Wie bereits beim Fahrgastinformationssystem erwähnt, wurde auf dem Dach des Messwagens eine Videokamera installiert. Diese Videokamera, die 200 Bilder in der Sekunde aufzeichnete, diente eigentlich der Überwachung des auf dem anderen Triebkopf befindlichen Stromabnehmers. Aber auch in der Video-Lounge des ICE V konnte man bei Messfahrten alles über diese Kamera beobachten.
Einige Geräte, die für den Betrieb der Wagen erforderlich waren, sind unter anderem in den Toiletten untergebracht.

Mit dem Versuchsfahrzeug wurden auch die Abnahmefahrten für verschiedene Neubaustrecken-Abschnitte durchgeführt (Foto auf der Strecke Fulda–Würzburg).
Foto: KJV

401 556 wartet am frühen Abend auf Weiterfahrt, während sich im Hintergrund bereits ein anderer 401 langsam in Bewegung gesetzt hat.
Foto: Claudia Franke

ICE 1 und der
Start des HGV
in Deutschland

Im April 1989 stehen bei der Firma Krupp in Essen die ersten ICE-Serientriebköpfe vor der Fertigstellung.
Foto: M. Schufinsky

DEUTSCHE SPITZENTECHNOLOGIE

Bestellung und Bau

Mit dem ICE 1 trat die Deutsche Bahn ins fahrplanmäßige Hochgeschwindigkeitszeitalter ein. Die Passagiere wussten die Vorzüge des neuen Zuges schnell zu schätzen.

Der Bestellverlauf im Überblick:

20. Januar 1989
82 Triebköpfe wurden in Auftrag gegeben

26. September 1989
Der erste serienmäßige Triebkopf verlässt das Werk (Rollout)

2. Juli 1990
Der erste serienmäßige Mittelwagen wurde fertig gestellt. Rollout bei MBB in Donauwörth

23. Juli 1990
19 weitere Triebzüge (38 Triebköpfe) wurden bestellt

2. Juni 1991
Bis zu diesem Zeitpunkt sollten 25 komplette Züge zur Verfügung stehen (Beginn des ICE-Verkehrs)

Nachdem alle notwendigen Planungen abgeschlossen waren, konnte die Deutsche Bahn AG die neuen Serientriebzüge in Auftrag geben. Anfangs tauchten Probleme mit der Bundesregierung auf, weil diese die finanziellen Mittel für die InterCityExpress-Züge gekürzt hatte. Deshalb wurden erst einmal 41 Triebzüge in Auftrag geben.

Das Konzept des ICE 1

Während sich der InterCityExperimental (ICE V) noch in der Bauphase befand, begannen 1984 die Projektierungsarbeiten für den neuen Serien-Triebzug ICE 1. Am 20. Januar 1986 wurde das Lastenheft veröffentlicht. Dieses Heft sah wesentliche Neuerungen gegenüber dem ICE V vor.

- Das neue Fahrgastinformationssystem (FIS)
- Breite und bequeme Einstiege
- Der Komfort sollte durch breitere Wagen erhöht werden
- Auslegung der Höchstgeschwindigkeit bis auf 250 km/h, bremstechnisch auch bis max. 280 km/h
- Hochwertige Innengestaltung mit verbesserter Schalldämmung und Klimaanlage
- Neues Gastronomiekonzept (BordRestaurant)
- Ein selbstständiges Fehlerdiagnosesystem (DAVID)
- Erhöhung der Dauerleistung bei den Stromrichtern, Trafos, etc.

Aber auch die Wagenübergänge wurden gegenüber dem ICE V deutlich verbessert. So entschloss man sich für Doppelwellenbälge, die technisch einfacher zu bedienen und günstiger in der Anschaffung sind. Zudem bieten diese Wellenbälge eine sichere Verbindung zwischen den einzelnen Wagen.

Das Lastenheft sah auch eine Erhöhung der Wagenhöhe vor. Deshalb musste das Design völlig geändert werden. Zwar blieb man bei dem Vorschlag, die Züge mit roten Streifen zu lackieren, aber besonders bei der Innengestaltung mussten neue Vorschläge her. Die Raumaufteilung musste neu konzipiert werden. Einerseits sollte der Komfort, andererseits die Gesamtsitzplatzanzahl gesteigert werden.
Nach verschiedenen Befragungen von Reisenden ergab sich, dass 1/3 Abteile, 1/3 Großraumwagen und 1/3 Vis-à-vis-Sitzplätze bevorzugen. Dipl. Ing. Jens Peters stellte verschiedene Konzepte vor, so beispielsweise eine Dreiteilung des Fahrgastraumes in verschiedene Bereiche (Abteile, Großraum und Vis-à-vis-Sitzplätze).
Das neue Gastronomiekonzept brachte zwei verschiedene Designvorschläge mit sich. Ein Vorschlag sah einen doppelstöckigen Servicewagen vor. Im Obergeschoss sollten 35 Sitzplätze 1. Klasse angeboten werden. Im Erdgeschoss hätten 30 Reisende Platz gefunden. Leider wurde dieses Konzept wegen des hohen Platzbedarfs und aus Gründen der Aerodynamik fallen gelassen.
Man entschied sich für die heutige Lösung, den Speisewagen mit Restaurant- und Bistroabteil, mit Zugküche und Galley-Einrichtung. Das Bord-Restaurant bietet 24, der Bordtreff 16 Sitzplätze.
Die Innengestaltung der Fahrgastwagen sollte eine angenehme Atmosphäre bieten können. Die 1. Klasse sollte demnach eine rot-blaue Farbgebung erhalten, die 2. Klasse dagegen eine grün-blaue Farbgestaltung. Letztendlich wurden diese Farbwelten auch übernommen, aber durch das Redesign (Ende war 2008) ersetzt. Um dem Reisenden ein wohnliches Gefühl zu vermitteln, wurden zudem im gesamten Zug Teppichböden verlegt. Auf den Toiletten jeweils an den Wagenenden entschied man sich für einen hygienischen und leicht zu reinigenden Fußboden.

Wagenkasten und Lackierung

Die Form des ICE 1 wurde gegenüber dem ICE V weitgehend beibehalten. Nur einige kleine Änderungen, die der Aerodynamik geschuldet waren, mussten vorgenommen werden. Dadurch, dass die Form des Triebkopfes schnittiger ist, ist sowohl der Leistungsbedarf durch einen geringeren

Nach Auslieferung der ersten Triebköpfe des ICE 1 standen Bremsprüfungen auf dem Abnahmeprogramm. Weil noch keine Zwischenwagen zur Verfügung standen, wurden nicht mehr benötigte Abteil- und Liegewagen zwischen zwei Triebköpfe eingereiht. Am 8. September 1990 fuhr ein so zusammengestellter Zug bei Kettwig auf dem Weg von Opladen nach Essen.
Foto: T. Feldmann

Auslands-ICE

Für den Verkehr zwischen Paris und Amsterdam sollten sieben Triebzüge bestellt werden. Dieser „ICE M" wurde aus Kostengründen wegen des aufwendigen Umkonstruierungsbedarfs allerdings nicht realisiert. Deshalb finanzierte die Deutsche Bahn AG für die Strecke Paris–Amsterdam (über Köln) zwei TGV-Thalys.

Die neuen IGBT-Stromrichter von ABB.

Foto: ABB©

Luftwiderstand als auch die Schallabstrahlung bei hohen Geschwindigkeiten minimiert worden.

Damals neu war der auffällige Schriftzug „ICE“ an den Triebkopf-Seiten. Nicht ganz unwichtig war auch die vernünftige Platzierung des DB-Logos. Beim ICE V hatte das DB-Firmenlogo in Höhe der Führerstandstür Platz gefunden. Beim neuen ICE wurde das Logo innerhalb des verkehrsroten Streifens platziert. Die Führerstandstüre wurde etwas nach hinten versetzt, damit der Führerstand vergrößert werden konnte.

Die Struktur des Wagenkastens musste neu berechnet werden, weil die Leistung von 3.800 auf 4.800 kW angehoben wurde und eine Gewichtszunahme von rund 2.800 kg zu verzeichnen war.

Der Fahrzeugkasten der Triebköpfe wurde in Stahlleichtbauweise ausgeführt. Er ist selbsttragend und dicht geschweißt. Zudem wurden glatte Bleche mit Profilversteifung verwendet. Die Bugspitze und die Seitenschürzen bestehen aus glasfaserverstärktem Kunststoff (GFK). Somit konnte das Gewicht im Gegensatz zu herkömmlichen Loks um rund 15 Prozent reduziert werden. Der Fahrzeugkasten setzt sich aus den Bauteilen Untergestell, Seitenwände, Heckwand, Dach, Rückwand, Kopf, Führerraum und den Türen zusammen.

Über die Farbgebung der neuen ICE-Generation wurde lang beratschlagt. Es standen verschiedene Modelle zur Auswahl. Letztendlich entschloss man sich für die Farbgebung Lichtgrau (RAL 7035, Fahrzeugkasten), Orientrot (RAL 3031, der dickere Streifen) und Pastellviolett (RAL 4009, der darunter liegende Streifen).

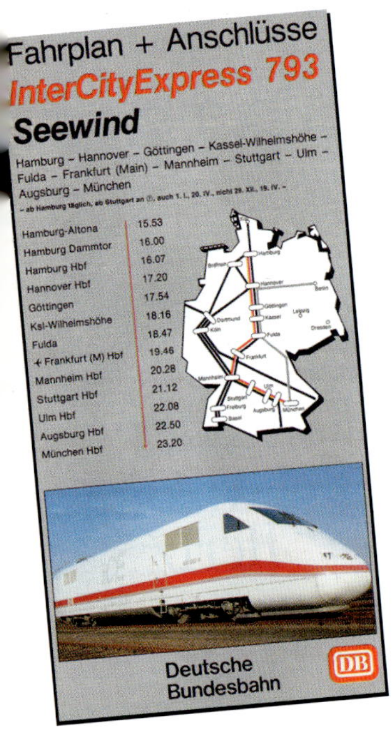

Der Schienenstar „stürmt“ durch das Land; Faltblatt für den ICE 793 „Seewind“.

Foto: Slg. Claudia Franke

Antrieb

Vier fremdbelüftete Drehstrom-Asynchronmotoren mit einer Leistung von jeweils 1200 kW sorgen für den Antrieb des Zuges. Jeder Triebkopf muss seinen eigenen Stromabnehmer benutzen, da auf die Verlegung eines 15-kV-Hochspannungskabels durch den ganzen Zug verzichtet wurde. Der über den Fahrdraht ankommende Wechselstrom mit einer Spannung von 15 kV (Frequenz 16 2/3 Hz) wird mithilfe der Leistungselektronik im Triebkopf in einen variablen Drehstrom umgewandelt.

Die Antriebs-Bremseinheit ist entsprechend der erfolgreichen UmAn-Ordnung in der Mitte des Triebkopfes. Der gesamte Antriebsblock ist auf

Drehgestell-Kopfträgern gelagert. Diese Anordnung wurde bereits im ICE V erprobt. Sie ermöglicht eine weitgehende Abfederung der Antriebsmassen. Der Fahrmotor und das Getriebe mit einseitigem Kardan-Hohlwellenantrieb sind zu einem Block zusammengefasst. Der gesamte Block ist zum einen am Fahrzeugkasten und zum anderen über Pendel am Drehgestellrahmen aufgehängt. Die über Zug-Druckstangen angelenkten Triebdrehgestelle gewährleisten ein günstiges Verschleißverhalten. Zudem werden die Instandhaltungskosten deutlich reduziert. Zug- und Druckstangen sowie die Fahrmotoren besitzen eine Notaufhängung. Auf den Hohlwellen sind jeweils zwei Bremsscheiben angebracht.

401 573 wurde bei einem Unfall am 28. April 2006 in Thun schwer beschädigt. Er wurde aus den ebenfalls beschädigten 401 020 und 401 551 wieder aufgebaut. Hier im August 2008.
Foto: Claudia Franke

Fahrmotor mit Notaufhängung

Die Triebdrehgestelle haben eine einfache Bauweise und zeichnen sich durch niedrige Wartungskosten aus. Der Drehgestellrahmen des Triebdrehgestells besteht aus einem umlaufenden Rahmen in Kastenbauweise aus Stahlblechen. Die Zug-Druckstange setzt sich aus zwei Stahlgussgehäusen (für die Elastomerlager) zusammen. Muss das Triebdrehgestell ausgebaut werden, so kann die Zug-Druckstange unter dem Fahrzeug verbleiben. Dazu sind Notaufhängungen vorhanden. Die Radsätze sind mithilfe von Schraubenfedern (primär) sowie durch einseitige Lenker mit sphärischen Gummigelenken befestigt.

Die Primärfederung besteht aus insgesamt vier Schraubenfedern und einem vertikal wirkenden hydraulischen Stoßdämpfer. Die Sekundärfederung besteht aus je einem Paar Flexicoil-Schraubenfedern, ebenfalls mit vertikal wirkenden hydraulischen Stoßdämpfern. Diese Federn stützen sich am Triebdrehgestellrahmen ab.

Querbewegungen des Fahrzeugkastens sind im begrenzten Maße zugelassen. Zwei hydraulische Stoßdämpfer in der Drehgestellmitte sorgen dafür, dass sich der Fahrzeugkasten nach links und rechts maximal 20 mm frei verschieben können. Weitere Querbewegungen werden durch elastische Anschläge verhindert. Zwei Schlingerdämpfer, die seitlich am

TECHNISCHE DATEN

ICE 1 Gesamtzug

Fahrzeugbegrenzung: UIC 505-1

Zusammenstellung: 2 Triebköpfe und max. 14 Mittelwagen

Betriebliche Höchstgeschwindigkeit: 280 km/h

Baujahre: 1989–1992

Spurweite: 1.435 mm

Zugleitsysteme: AFB, PZB, LZB , 401 072 bis 401 090 Integra-Zugsicherung für die Schweiz

Zuggewicht leer: 795 t

Beschleunigung auf:
100 km/h: 1 Minute, 6 Sek.
200 km/h: 3 Minuten, 20 Sek.
250 km/h: 6 Minuten, 20 Sek.

Die Neubaustrecke Stuttgart–Mannheim bei Bruchsal.
Foto: Bodo Schulz

Drehgestell befestigt sind, sorgen für einen ruhigen Geradeauslauf. Weitere Komponenten sind die LZB-Antennen am Fahrzeugkasten sowie Antennen für die ZUB-Systeme Integra und ZUB 121 (Schweiz) am Drehgestell in Fahrtrichtung. Ferner ist ein Magnet für die punktförmige Zugbeeinflussung (PZB) sowie eine Sandung (um die Reibung beim Bremsen zu erhöhen) vorhanden.

Der Laufdrehgestell-Rahmen besteht aus geschweißten Stahlblechen. Anfangs baute man Vollräder (Monobloc-Räder) ein. In der Praxis traten allerdings starke Schwingungen auf, die das sogenannte. „Bistrobrummen" verursacht haben. Danach rüstete man die ICE 1 mit gummigefederten Rädern (Bauart 064) um. Sie bestehen aus einem Radreifen, der mit der Radscheibe verbunden ist. Der Reifen ist durch eine Gummi-Zwischenlage von der Radscheibe getrennt. Diese Räder brachten zwar eine schnelle Verbesserung, doch führten sie auch zu dem ICE-Unglück in Eschede. Die Bahn reagierte sofort und tauschte wieder alle gummigefederten Radreifen gegen die Monobloc-Räder aus.

Das Drehgestell ist über den Drehzapfen direkt mit dem Wagenkasten verbunden. In einer Art Schale ruht der Wagenkasten. Sämtliche Querbewegungen lassen sich durch hydraulische Schwingungsdämpfer weitgehend verhindern.

TECHNISCHE DATEN

ICE 1 Triebkopf
Länge über Kupplung: 20.560 mm
Breite: 3.070 mm
Höhe ohne Stromabnehmer: 3.840 mm
Achsfolge: Bo'Bo'
Achsabstand: 3.000 mm
Treibraddurchmesser neu: 1.030 mm
Treibraddurchmesser abgenutzt: 950 mm
Masse (GTO-Technik): 77.500 kg
Masse (Thyristor): 80.300 kg
Masse mechanischer Teil: 36.755 kg
Masse elektrische Ausrüstung: 40.745 kg

Das Bremssystem des ICE 1

Bei Hochgeschwindigkeitszügen müssen die Bremsen besonders gut funktionieren. An einen Ausfall des Bremssystems ist nicht zu denken. Aber auch der hohe Fahrkomfort soll erhalten bleiben, damit der Fahrgast von Bremsungen so gut wie nichts mitbekommt. All diese Anforderungen wurden durch ein kombiniertes Betriebssystem mit rechnergestützter Steuerung realisiert. Die Hauptkomponenten sind:

- generatorische Bremse des Asynchron-Drehstromantriebs in den Triebköpfen mit Netzrückspeisung
- Scheibenbremse in allen Trieb- und Laufdrehgestellen
- Magnetschienenbremse in den Laufdrehgestellen
- Mikroprozessor-Bremssteuerung
- elektropneumatisch vorgesteuerte Druckluftbremse mit Hauptluftleitung
- Drucklufterzeugung durch Schraubenluftpresser mit Lufttrocknung
- modulare Zusammenfassung der Bremskomponenten auf Gerätetafeln.

Das erste serienreife Bremssystem für den ICE 1 wurde mit Beginn der ICE-Geschichte im Juni 1991 eingesetzt. Man unterscheidet zwischen Regulierbremsungen (Betriebsbremsungen) und Schnellbremsungen. Bei dem letzten Bremstyp ist es wichtig, dass der ICE einen kurzen Bremsweg hat. Magnetschienenbremsen sorgen bei der Schnellbremsung zusätzlich zu der generatorischen Bremse und den Scheibenbremsen für ein sicheres Einhalten des Bremswegs. Der Bremsweg aus 250 km/h beträgt bei einer Betriebsbremsung 4.820 m. Bei einer Schnellbremsung sind es aus der gleichen Geschwindigkeit gerade mal 2.300 m.

Die generatorische Bremse wird bei einer Schnellbremsung zusammen mit der Scheibenbremse der Mittelwagen eingesetzt. Bei einer generatorischen Bremse wirken die Motoren als Generatoren und erzeugen beim Bremsen Strom, der wiederum in die Fahrleitung zurückgespeist wird. Bei einer Schnellbremsung aus über 160 km/h wird die Scheibenbremse im Triebkopf mit konstanter Teilbremskraft, dem sogenannten „Blockblending", unter Umgehung des Steuerventils zugeschaltet. Dieses Blending dient der besseren Annäherung an eine gleichmäßige Rad/Schiene-Kraftschlussbeanspruchung zwischen Trieb- und Laufachsen. Somit wird die maximal mögliche Bremsleistung ausgeschöpft.

Jeder Mittelwagen hat im Laufdrehgestell Scheibenbremsen der Firma Knorr. Nach Berechnungen konnten für den ICE 1 Sphärgussbremsschei-

Am 26. Februar 2008 ist der Triebzug 155 „Rosenheim" im Abendlicht kurz hinter Augsburg-Hochzoll unterwegs in Richtung München. Dort wird er nach einem kurzen Aufenthalt wieder auf Fahrt gehen.
Foto: Claudia Franke

Hersteller

Für den Bau der ICEs entstanden zwei neue Firmenkonsortien: Den elektrischen Teil übernahmen AEG, ABB und Siemens, den mechanischen Teil: Krauss-Maffei, Krupp, Thyssen-Henschel.

Die Kosten für die ICE-1-Züge gingen in die Milliarden

82 Triebköpfe
je 8,7 Mio. DM (713,4 Mio. DM)

Wagen (1./2. Klasse)
je 2,7 Mio. DM (1,107 Mrd. DM)

Speisewagen
je 4 Mio. DM (164 Mio. DM)

Servicewagen
je 3 Mio. DM (123 Mio. DM)

Im März 2007 kündigt sich ein 401 mit dem Tunnelknall an und ist innerhalb weniger Sekunden aus dem Schellenbergtunnel der NBS Nürnberg–Ingolstadt im folgenden Euerwangtunnel verschwunden.
Foto: Claudia Franke

TECHNISCHE DATEN
ICE 1
Elektrische Ausrüstung
Stromsystem: 15 kV 16,7 Hz
Stromabnehmer Hersteller: AEG
Stromabnehmer Typ: Einholm-Stromabnehmer
Fahrmotoren Bauart: Drehstrom-Asynchron
Fahrmotoren-Dauerleistung: 4 x 1.200 = 4.800 kW
Kosten je Zug: 25,6 Mio. €
Anzahl der Züge: 60, heute noch 59

ben mit üblichen organischen Bremsbelägen verwendet werden. Die Handbremse wirkte über eine – von der druckluftbetätigten Bremszange unabhängige – separate Zange auf eine Bremsscheibe einer Achse in einem der beiden Drehgestelle des Mittelwagens. Diese Handbremse wurde während des Redesigns entweder ausgebaut oder ist – wenn vorhanden – nicht mehr für den Einsatz gedacht.

Magnetschienenbremsen sorgen dafür, dass der ICE auch bei den ungünstigsten Verhältnissen bei einer Schnellbremsung seinen Bremsweg einhält. Bei Betriebsbremsungen wird dieses Bremssystem wegen des schnellen Verschleißes nicht eingesetzt. Diese Magnetschienenbremsen sind jedoch vom Rad/Schiene-Kraftschluss unabhängig. Das Bremssystem wird durch die Mikroprozessor-Führerbremsanlage („HSM") im Triebkopf gesteuert. Damit Fehler automatisch erkannt werden und die Fehler im Anfangsstadium behoben werden können, besitzt der ICE ein Fahrzeugdiagnosesystem, den DAVID. Die Bremssteuerelektronik liefert durch Eigendiagnose und Überwachen der Bremseinrichtungen umfangreiche Daten an den Rechner DAVID im Triebkopf und ZEUS im Mittelwagen.

Triebköpfe

Sämtliche 120 Triebköpfe wurden in einer Gemeinschaftsarbeit mehrerer Hersteller hergestellt. Diese sind: AEG, ABB, Thyssen-Henschel (27 Stück), Krupp (28 Stück), Krauss-Maffei (27 Stück) und Siemens. Jeder Hersteller war für bestimmte Bauteile zuständig: Krauss-Maffei: Rohbauten der Führerhäuser, Zusammenbau der Rohbaukästen, Führertische und Antriebsteile; Krupp: Untergestelle, Gerüste, Bremstraversen, Bremshohlwellen, Radsätze; Thyssen-Henschel: Seitenwände, Dächer, Drehgestellrahmen, Montage der Drehgestelle; ABB: Transformatoren und Stromrichter; AEG: Fahrmotoren, Stromrichter und die Elektronikeinrichtung. Die Stromrichter wurden von den Herstellern AEG, ABB und Siemens geliefert. Die Fahrmotoren von AEG und Siemens und die Transformatoren von ABB und Siemens.

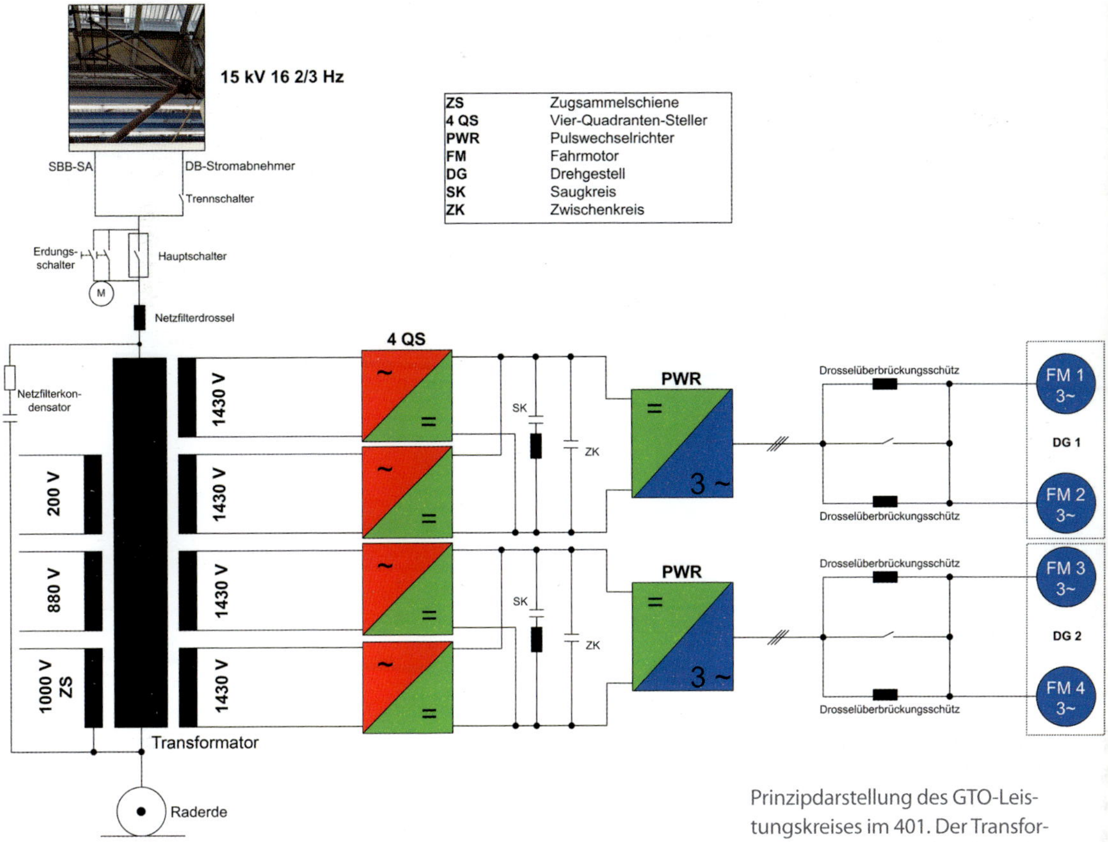

Prinzipdarstellung des GTO-Leistungskreises im 401. Der Transformator besitzt vier Sekundärwicklungen zu je 1.430 V zur Speisung (über Stromrichter) der Fahrmotoren. Eine weitere Wicklung mit 1.000 V ist für die ZS vorhanden. Eine 880-V-Wicklung dient der Speisung aller drei HBUs. Die 200-V-Wicklung versorgt unter anderem die Führerraumheizung und das Batterieladegerät des TK. Skizze: Claudia Franke

Führerstand und Triebkopf

Das Lastenheft für den ICE sah vor, dass der Führerstand druckdicht ausgeführt werden soll. Deshalb wurde besonderer Wert auf die Schweißnähte gelegt. Diese sind dichter und garantieren die Druckdichte des Führerstands (vor allem bei Tunnelfahrten). Die Frontscheiben sind etwa 23 mm stark. Getestet wurde die Unzerbrechlichkeit mit einer Druckluftkanone, bei der ein Projektil mit 440 km/h auf die Scheiben geschossen wurde. Zudem sind die Frontscheiben beheizbar. Eine Wasch- und Scheibenwischanlage sorgt für den klaren Durchblick.

Die Bedientische und die Innengestaltung des Triebkopfes sind aus glasfaserverstärktem Kunststoff. Ein Schallschluckmaterial absorbiert den Außenschall, insbesondere bei Tunnelfahrten.

Akustische Signale, wie sie noch im ICE V vorhanden waren, wurden durch digitale Sprachausgaben ersetzt. So weiß der Lokführer direkt, ob eine „Störung", eine „Notbremsung" oder Ähnliches vorliegt. Zudem hat der Triebfahrzeugführer zwei Bildschirme im linken Bereich im Auge. Das erste Display enthält verschiedene Masken, wie die Störungsübersicht, eine MFA-Ersatzanzeige, Batteriespannung, eine Maske für das Aufgerüstet-Abstellen, Zugkraft-Anzeige aller TK, Oberstrom und die Fahrdrahtspannung aller TKs. Das zweite Display ist für den Bereich Bremsen vorhanden. Hier befinden sich Hardkeys, über die die vorhandenen Bremshundertstel abgerufen werden könnnen. Weiterhin kann hier die Bremsprobe gestartet werden, es kann der Zustand der Feststellbremsen ebenso wie die Bremskräfte, der allgemeine Bremszustand (Grundbild) sowie der HL- und HBL-Druck abgerufen werden.

Stromrichter

Je nach Steuertechnik erhielten die Triebköpfe verschiedene Nummern:
Stromrichter mit Thyristor-Technik
401 001 – 401 020 sowie
401 501 – 401 520
Stromrichter mit GTO-Technik
401 051 – 401 090 sowie
401 551 – 401 590

Die Mittelpufferkupplung zwischen den Mittelwagen. Mittig sind beide Linsen der Lichtwellenleiter zu erkennen.
Foto: Claudia Franke

Stromabnehmer DSA 350 SEK
Fahrgeschwindigkeit: 280 km/h
Material: Stahl und Aluminium
Gewicht (ohne Isolatoren): 106 kg
Größte Steighöhe: 3.000 mm (mit Isolatoren)
Tiefste Lage: 540 mm (mit Isolatoren)
Schleifleistenlänge: 1.576 mm
Wippenlänge: 1.950 mm
max. Spannung: 15 kV/25kV
max. Strom: 1.000 A
Schleifkontakt: Kohle
Anpresskraft: 70–120 N (einstellbar)
Antriebsart: Pneumatischer Hubantrieb
Antriebsversorgung: 5 bar
Bestätigungszeit Heben: 5 sek. (einstellbar)
Bestätigungszeit Senken: 4 sek. (einstellbar)

Alle Geräte (bis auf zwei Ausnahmen) sind in verschlossenen Schränken im Maschinenraum untergebracht. Bei der Verteilung der Betriebsgeräte wurde besonders auf die Gewichtverteilung geachtet. Schwere Geräte wurden in der Mitte des Triebkopfes angeordnet. Diese sind beispielsweise die Stromrichter. Neue HBU der Firma Faiveley werden derzeit in die Triebköpfe eingebaut.

Kupplungen und Wagenübergänge

Die Übergänge zwischen den Wagen werden als Doppelwellenbälge bzw. Faltenbälge bezeichnet. Sie sind einfach in der Bedienung und bieten eine sichere Verbindung der einzelnen Mittelwagen mit den Triebköpfen.
Zwischen den Mittelwagen bzw. Mittelwagen und Triebkopf verfügt der ICE über eine Mittelpufferkupplung der Firma Schaku. Diese Kupplung wurde als halb automatische Kupplung ausgeführt, bei der sich Lichtwellenleiter und Luftleitung sowie elektrische Kupplungen (Zugsammelschiene, Steuerleitungen und Sicherheitsschleifen) automatisch kuppeln. Die mechanische Verbindung muss allerdings noch manuell mithilfe von Schraubbolzen hergestellt werden. Die Mittelpufferkupplung kann nur durch erhöhten Aufwand in Ausnahmefällen entweder von der Werkstatt oder durch den ausgebildeten Lokführer des ICE erfolgen (Rumpfzugbildung).
Die Scharfenbergkupplung verbirgt sich hinter der Bugklappe, die im Notfall geöffnet werden kann. Diese Kupplung dient lediglich dem Abschleppen. Für eine Doppeltraktion ist die Scharfenbergkupplung nicht geeignet. Erst beim ICE 2 können zwei Züge problemlos miteinander gekuppelt werden.
Zu Anfangszeiten des ICE 1 wurden an den Wagenenden noch sogenannte Windabweiser angebracht. Sie dienten der Aerodynamik, sollten somit den Luftwiderstand an den Wagenübergängen verbessern. Allerdings lösten sich die Windabweiser nach kurzer Zeit ständig ab, sodass sie recht bald wieder entfernt wurden.

Stromabnehmer

Beim ICE 1 wurde der Einholm-Hochgeschwindigkeitsstromabnehmer DSA 350 SEK der Firma Stemmann Technik GmbH serienmäßig einge-

baut. Dieser Stromabnehmer erlaubt den Betrieb mit zwei gehobenen Stromabnehmern, wie es beim 401 der Fall ist. Die Herstellungskosten konnten im Vergleich zu den Kosten beim ICE V um 75 Prozent gesenkt werden. Er wurde vor dem Einsatz auf dem ICE 1 auf vier Lokomotiven der Baureihe 120 erprobt. Der Stromabnehmer besteht aus Stahl und Aluminium und benötigt keinen Anstrich. Die Gelenke sind aus wartungsfreien Wälzlagern. Dachtrennschalter sind nicht vorhanden, dafür sind flexible und lösbare Verbindungen in der Dachleitung vorgesehen. Bei ausreichender Kühlung (bei Fahrgeschwindigkeiten über 100 km/h) können dauernd 1.000 A übertragen werden.

In den Fernbahnhöfen weckt die Bahn mit ihren Fahrzeugen noch Interesse (Bild: ICE 1 in Kassel-Wilhelmshöhe). Doch vielerorts auf dem Land kennt man den Zug inzwischen nur vom Hörensagen.

Foto: J. Glöckner

Aufrüst- und Vorbereitungsdienst

1991 warb die DB mit dem Slogan „Der Zug, der früher aufsteht als sein Lokführer". Damit war DAVID gemeint, ein System, das den Triebzug für den nächsten Einsatz vorbereitet. Es umfasst das Aufrüsten des Zuges bzw. die Stillstandsprüfung bei einem aufgerüstet abgestellten Zug, die volle Bremsprobe mit Bremsberechnung sowie das Vorklimatisieren von Führerstand und Wagen.

Das erstmals im ICE 1 verwendete System hat den großen Vorteil, dass Bremsproben, die bei langen Zügen sehr aufwendig sind, da sie manuell an jedem Wagen durchgeführt werden müssten, selbstständig und vollautomatisch von DAVID durchgeführt werden. Dies bedeutet eine große Zeitersparnis im Vorbereitungsdienst.

„Aufgerüstet abgestellt" bedeutet: Der Stromabnehmer ist hoch, Hauptschalter und Zugsammelschienen sind eingeschaltet. Hierzu muss der Lokführer mit einem Leuchttaster an der Rückwand diesen Vorgang einleiten. Anschließend werden vom System folgende Arbeitsschritte durchgeführt:

- Ausschalten des Hauptschalters (Trennung der Traktionsstromrichter nur im spannungslosen Zustand möglich)
- Traktionsstromrichter werden vom Transformator getrennt, wodurch sich Zwischenkreise entladen und spannungslos werden

110 329, früher Zuglok des „Science Express", mit zwei Schutzwagen und 401 559 am 14. April 2010.

Foto: Christian Stolze

Am 9. Februar 2008 ist der Triebzug 111 „Nürnberg" kurz vor Mering unterwegs. Am 26. April 2008 verunglückte dieser ICE mit über 200 km/h im Landrückentunnel, nachdem er auf eine Herde Schafe geprallt war.

Foto: Claudia Franke

- Hilfsbetriebeumrichter HBU 1 und HBU 2 erhalten den Befehl, die traktionsbezogenen Lüftermotoren abzuschalten
- Kleinlüfter und Druckschutzventilatoren der Führerraumklimaanlage (durch HBU 3 betrieben) werden abgeschaltet
- Führerraum-Klimaanlage wird abgeschaltet
- HBU 3 erhält den Befehl, die restlichen Hilfsbetriebe nach dem Wiedereinschalten des Hauptschalters mit zwei Dritteln der Normaldrehzahl zu betreiben
- Die Hauptluftbehälterleitung wird durch das Abschließen des Absperrventils in beiden Triebköpfen von den Hauptluftbehältern abgehängt.

Nachdem das Verfahren „aufgerüstet abgestellt" beendet ist, gibt der Lokführer im linken DAVID-Display den nächsten Übergabetermin ein. Sollte während der Abstellzeit ein Defekt auftreten, so kann der Triebzug selbstständig über die eingegebene Zugnummer oder die Nummer des Abstellgleises einen Hilferuf senden. So können eventuelle Verzögerungen bei der Bereitstellung behoben werden. Nachdem das Führerbremsventil abgeschlossen und der Fahrtrichtungsschalter in die Nullstellung umgelegt sind, wird der Richtungsschlüssel abgezogen. Die Schlusssignale leuchten, und DAVID überwacht dann kontinuierlich den abgestellten Triebzug. Treten Störungen auf, werden diese über den Lichtwellenleiter (LWL) erfasst und per Datentelegramm gemeldet. Im Notfall ist auch das Ausschalten des Hauptschalters durch DAVID möglich.

Die Vorbereitungen des aufgerüstet abgestellten Triebzuges beginnen zwei Stunden vor der eingegebenen Übernahmezeit:

- Zuerst wird die Führerraum-Klimaanlage eingeschaltet
- Danach erhält die zentrale Bremssteuerung den Befehl, mit der Bremsprobe zu beginnen: Diese dauert rund 20 Minuten und umfasst die Durchgangsprüfungen der Hauptluftleitung
- Zustandsprüfung der Federspeicherbremsen in den Triebköpfen
- Funktionsprüfung der durchgehenden Druckluftbremse mit gleichzeitiger Prüfung der Gleitschutzeinrichtungen
- Funktionsprüfung der Mg-Bremse und
- Ermittlung der wirksamen bei der Bremsberechnung zu berücksichtigenden Bremseinrichtung.
- Anschließend wird von der Bremssteuerelektronik im führenden Triebkopf die Anzahl der wirksamen Bremseinrichtung ermittelt und an DAVID zur Bremsberechnung und Feststellung der Bremshundertstel übermittelt.
- Zum Schluss werden die Fahrgasträume vorklimatisiert.

TECHNISCHE DATEN

ICE 1 Mittelwagen

Länge über Kupplung: 26.400 mm

Breite: 3.020 mm

Höhe Sitzwagen: 3.856 mm

Höhe Servicewagen: 4.311 mm

Achsfolge: 2'2'

Laufraddurchmesser neu: 920 mm

Laufraddurchmesser abgenutzt: 860 mm

Baureihen:

Avmz 801 (Sitzwagen 1. Kl.)

Bvmz 802 (Sitzwagen 2. Kl.)

BSmz 803 (Sitzwagen 2. Klasse mit Sonderabteilen)

WSmz 804 (Speisewagen)

BR 802.9

Zum Übergabetermin kann der Lokführer den Zug übernehmen, sobald der Vorbereitungsdienst erfolgreich abgeschlossen wurde. Die Übergabe erfolgt anschließend durch das Umstellen des Fahrtrichtungsschalters aus der Nullstellung, wodurch DAVID den Vorbereitungsdienst einstellt. Durch Betätigen des Tasters „Fahren“ an der Rückwand wird der Zug wieder in den fahrbereiten Zustand versetzt.

Die Hauptschalter werden wieder eingeschaltet, wodurch auch die Zwischenkreise der Traktionsstromrichter reaktiviert werden. Danach folgt die noch ausstehende Prüfung der Netzbremse. Der Tf legt den Fahrschalter in die Stellung Fahren, wodurch die Antriebssteuergeräte den Befehl erhalten, die Stromrichter zu takten. Dadurch ist eine Aussage über die Wirksamkeit der Netzbremse aller Triebdrehgestelle möglich. Die Bremsberechnung wird neu aufgestellt und ist in der endgültigen Fassung dem Display zu entnehmen. Eine anschließende Funktionsprüfung des Führerbremsventils ist durchzuführen.

Allerdings ist auch eine Funktionsprüfung LZB/PZB und AFB nötig. Diese Prüfungen laufen automatisch ab und werden vom Lokführer angestoßen. Anschließend erfolgt die Überprüfung aller Leuchtmelder. Nun trägt der Lokführer die Bremshundertstel am Zugdateneinstellgerät im Maschinenraum ein. Diese Daten werden anschließend zur Bremskurvenberechnung an die LZB übertragen. Und zum Schluss folgen noch einige kleine Vorbereitungen, wie Zugfunkgerät einstellen, Eingabe der Zug- und Lokführernummer, Überprüfung des Makrofons und das Bereitlegen und Aufrufen aller benötigten Fahrpläne und Unterlagen.

„Der Zug, der früher aufsteht als sein Lokführer“. So lautete der Werbeslogan der DB im Jahre 1991. Der 401 besitzt eine Funktion, mit der sich der Zug selbst aufrüstet. Er rüstet sich dabei aus dem Zustand „Batterie aus“ selbstständig auf, schaltet alle nötigen Verbraucher ein und führt dabei eine vollautomatische Bremsprobe durch. Diese Funktion wird jedoch nicht mehr benutzt, da die Züge wegen kurzfristiger Einsatzänderung schnell zur Verfügung stehen müssen.

Foto: Claudia Franke

Die BTX-Terminals, über welche verschiedene Informationen zum Zug oder über weitere Verbindungen und Hotels abgerufen werden konnten, wurden beim Redesign (unten) ausgebaut.

Fotos: Claudia Franke

MODERNISIERUNGSSCHUB

Ausstattung und Redesign

Komfort und hochwertige Materialien zeichnen die Wagen des ICE aus. Das gilt sowohl für die ursprüngliche Ausstattung als auch für die Modernisierung.

Fast der gesamte ICE ist mit Teppichböden der Firma Vorwerk ausgelegt. Charakteristisches Merkmal des ICE ist das durchgehende, dunkle Fensterband aus Panzerglas. Besonders wichtig ist die Druckdichtigkeit. Bei Tunnelfahrten beispielsweise entsteht ein Druck auf die Fenster in Höhe von 0,8 Tonnen. Das Außenfenster ist ca. 1,2 cm dick, das Innenfenster 0,9 mm. Dazwischen wurden verschiedene Materialien, wie beispielsweise Gießharz, verwendet. Die Scheiben sind in einen Aluminiumrahmen eingeklebt, der mit dem Wagenkasten außenhautbündig verschraubt wird. Anschließend wird mit elastischem Füllmaterial abgedichtet. Die großflächigen Fenster erhielten außerdem eine Metallbedampfung, um eine Aufheizung des Wageninneren zu verhindern.

Türen und Innenausstattung

Die vollautomatischen Türen der Firma Bode sind, im Gegensatz zu anderen Zügen der DB, besonders komfortabel. Sie sind elektropneumatisch gesteuert. Bei einer Störung können die Türen sicherheitshalber mithilfe von Entriegelungshebeln geöffnet werden. Diese befinden sich innen und außen unter dem Öffnungstaster. Die 1.080 mm breite Trittstufe wird elektropneumatisch und elektrisch ein- und ausgeklappt und bietet einen bequemen Einstieg von normal hohen ICE-Bahnsteigen (76 cm). Im eingefahrenen Zustand ist sie bündig mit der Außenhaut. Der Lokführer

kann mittels eines Drucktasters das Ausfahren der Trittstufen verhindern. Vor dem Redesign gab es verschiedene Farbkonzepte im Zug. Die Einstiegsräume waren türkis-blau gestaltet, der Boden war dunkelgrau. Die Toiletten waren in der 2. Klasse jeweils eine in Rosa und eine in Blau pro Wagen ausgeführt. Die Seitenwände waren in einer Grautönung lackiert. An den Wänden zu den WCs gab es in der 2. Klasse ein grün-blaues Muster. In der 1. Klasse war diese Wand dunkelblau mit rot-weißen Verzierungen. Die 1. Klasse selbst war in den Tönen rot-blau-lila ausgeführt. Sämtliche Abteile waren in Dunkelblau-Rot ausgeführt.
Nach dem Redesign erinnert die Innenverkleidung an den ICE 3/T. Die Seitenwände in den Vorräumen und dem Restaurant wurden in einem Braunton lackiert und mit einer dunkleren Farbe fein gesprenkelt. Die Seitenwände in den Großräumen und Abteilen wurden grau lackiert. Die Wände in den Großraumwagen wurden mit einem Holzdekor verkleidet, ebenso die Türen der Vorräume (WC, etc.). Das Restaurant verlor auch seinen Holzcharakter, die Holzverkleidungen bis hoch zu den Decken wurden weiß lackiert. Die Gepäckablagen wurden in der Ausführung beibehalten, erhielten jedoch zusätzlich Reservierungsanzeigen.
Die Sitze im Redesign-ICE sind auch wieder von der Firma Grammer. Durch den Wegfall der Audio- und Videoprogramme existieren keine Module mehr. Die Sitze sind insgesamt auch etwas schmaler geworden, bieten aber nach wie vor verschiedene Möglichkeiten. In den Rückenlehnen sind Klapptische (analog ICE 3/T) verbaut. Allerdings gibt es keine Fußstützen mehr. Die Rückenlehne lässt sich auch durch einen Hebel nach hinten neigen. Die größte Neuerung sind nun die Steckdosen an den Sitzplätzen, da in der heutigen Zeit viele mit Laptop reisen. Der Bezug ist in der 2. Klasse dunkelblau mit hellblauen Punkten, in der 1. Klasse Leder. Durch einen optimalen Mix der Bezugsmaterialien wie Schäume, Kunststoffe und Lacke und durch eine insgesamt brandhemmende Ausrüstung werden die Vorgaben der neuesten Richtlinie DIN 5510 (Brandschutzstufe 2) erreicht.

Wo vor dem Redesign noch eine richtige Restaurant-Atmosphäre mit warmer und groß wirkender Holzverkleidung und richtigen Stühlen existierte, ist nach dem Redesign eine etwas kühlere Atmosphäre eingezogen. Die rosafarbenen Bezüge der Stühle und Sitzpolster wurden ersetzt durch reine Sitzpolster mit rotem Lederbezug. Das Holzdekor wurde ebenso überspritzt.
Fotos: Claudia Franke

Klimaanlage

Die Klimaanlage arbeitet nach dem Vorbild des ICE V mit Deckenausblasung. In Fußboden und Seitenwände sind Heizungen untergebracht. Man testete auch den Einsatz einer Konvektionsheizung, verzichtete aber bei den weiteren ICE-Serien darauf. Im unteren Bereich wird die Luft abgesaugt. Die Frisch- und Fortluftöffnungen der Klimaanlage müssen den Zugbegegnungen vor allem auch im Tunnel bei Fahrten bis zu 280 km/h standhalten. Zu diesem Zweck sind zweistufige Radialverdichter mit steiler Kennlinie als Druckschutzventilatoren eingebaut. Ist der Druck noch höher, so schließen Ventile kurz und unterbrechen somit die Außenluftzufuhr. Die Anlage arbeitet dann im Umluftbetrieb. Man hört diese Unterbrechung auch manchmal. Für die Messung der Druckwellen sind an den Außenwänden zwei Sensoren untergebracht. Man erkennt diese im Bereich der Einstiegstür als kleines Loch. Der Druckschutz im ICE 1 arbeitet von Anfang an einwandfrei, sodass es keinerlei Beschwerden der Fahrgäste gab.

Wagenausstattung

Vor dem Redesign

Die Mittelwagen Avmz der 1. Klasse verfügen über 48 Sitzplätze im Großraum sowie über drei Abteile mit je fünf Sitzen. Am Wagenende befindet sich eine Toilette. Hinter der Vitrine im Eingangsbereich wurden das Fahrgastinformationssystem sowie die elektrische Apparatur installiert.

Der Vergleich der 2. Klasse vor dem Redesign und nach dem Redesign ist deutlich. Neu sind auch die digitalen Reservierungsanzeigen, wo früher noch Reservierungskärtchen gesteckt werden mussten.
Fotos: Claudia Franke

Die Ausstattungsfarbe der 1. Klasse ist blau und rot. Ein Wagen verfügt über Einrichtungen für Video- und Handynutzung, ein anderer verfügt über ein Kartentelefon. Sämtliche Sitze der Firma Grammer sind Einzelsitze, jeder Sitz hat zwei mit Stoff bezogene Armlehnen. Eine Garderobe in der Wagenmitte steht den Reisenden zur Verfügung. Besonders ist, dass es in der 1. Klasse keine vier Sitze pro Reihe gibt, sondern nur drei. Dadurch ist der Durchgang breiter. Ein „Am-Platz-Service" kann über einen Knopf über dem Sitz gerufen werden.

Nicht weniger komfortabel ist die 2. Klasse. Es gibt zwei unterschiedliche Ausführungen. Die eine Variante verfügt über ein Konferenz-Abteil (mit Fax, Telefon, Laptop-Anschluss, etc.), eine Telefonzelle mit Kartentelefon sowie über ein behindertengerechtes WC, ein Zugbegleiter- und DSG-Abteil und die Bord-Info, das sogenannte Fahrgastinformationssystem. Zusätzlich sind im Großraum zwei Rollstuhlplätze vorhanden. Zwei Garderoben in der Wagenmitte können von den Fahrgästen benutzt werden. Die Sitzplatzanzahl dieses Wagens mit Sonderabteilen beträgt 39 (Großraum), vier im Konferenzabteil sowie zwei Rollstuhlplätze. Die andere Variante verfügt über 66 Sitzplätze. Hier sind vier Abteile mit je sechs Sitzplätzen vorhanden. Zwei Toiletten befinden sich am Wagenende. Auch hier sind zwei Garderoben vorhanden. Zudem gibt es in jedem Wagen sowohl 1. und 2. Klasse über Bewegungsmelder gesteuerte und elektropneumatisch betätigte Schiebetüren.

Auch hier wurden Sitze der Firma Grammer eingebaut. Größtenteils sind dies Doppelsitze mit einer gemeinsamen Armlehne in der Mitte. Die Sitze haben zudem ein verstellbares Kissen. Alle Sitze haben zudem ein sogenanntes „Audio-Modul" mit bis zu vier Programmen. Auch verstellbare Fußstützen sind an jedem Sitz befestigt. Die Rückenlehnen und die Sitzneigung können ganz einfach durch Gewichtverlagerung (nach vorne) verstellt werden. Dabei muss der entsprechende Knopf am Sitz gedrückt werden. Die recht praktischen ausziehbaren Tische befinden sich jeweils in der rechten Armlehne (nicht bei den neuen ICE-Generationen). Auch für die Beleuchtung ist im ICE ausreichend gesorgt. Die Hauptbeleuchtung befindet sich oberhalb des Fensterbandes. Diese Beleuchtung besteht aus Leuchtstoffröhren. Unterhalb der Gepäckablagen sind Leselampen mit 10 W (Halogen) angebracht worden. Sie sorgen für eine ausreichende Beleuchtung in den Abteilen und im Großraum.

Oben die 1. Klasse im alten Zustand und unten nach dem Redesign. Im Vergleich wirkt das Redesign deutlich kühler und moderner. Alle Sitze sind nun nicht mehr so imposant wie vorher und sind mit Leder bezogen, besitzen zudem Steckdosen. Auch die Wandgestaltung wurde durch Holzdekor ersetzt, und die gesamte Beleuchtung ist nun etwas kühler.

Fotos: Claudia Franke

Nach dem Redesign

Durch die schmaleren Sitze wurde die Anzahl der Sitze in der 1. Klasse von 48 auf 56 erhöht, in der 2. Klasse von 66 auf 71. Das Kniemaß blieb dabei unverändert, stieg sogar etwas an. Alle Mittelwagen wurden jeweils einer eingehenden Überprüfung unterzogen. Man stellte fest, dass selbst nach 15 Jahren Betriebseinsatz die Aluminiumprofile standfest und korrisionsfrei waren. Bis auf wenige Ausnahmen, bei denen eine Dichtung versagte und Wasser eintrat. Einige Komponenten wurden bei dem Redesign auch durch bessere ersetzt. Zum Redesign wurden immer nur wenige Züge aus dem Verkehr genommen, sodass das Redesign bis 2008 andauerte. Erster Redesign-Zug war Triebzug 111, der ab dem 6. August 2005 verkehrte. Letzter Zug war Triebzug 157, der Ende 2008 das Werk verließ. Insgesamt wurden 180 Millionen Euro dafür ausgegeben.

Das Unglück von Eschede veränderte den ICE-Verkehr nachhaltig; Bergungsarbeiten an der Unfallstelle im Juni 1998.
Foto: G. Habermann

Der Gedenkstein auf der Straßenbrücke in Eschede wurde als Tor gestaltet. Er deutet vom Unglücksort unten aus gesehen den Weg in den Himmel an.
Foto: Claudia Franke

KATASTROPHE FÜR DEN ICE

Der Unfall bei Eschede

Am 3. Juni 1998 ereignete sich das schlimmste Zugunglück der deutschen Eisenbahngeschichte. Es forderte 101 Todesopfer. 88 Menschen wurden schwer verletzt.

Eschede, 10.59 Uhr: Aufgrund eines Fehlers am Radreifen und der Unachtsamkeit einiger Mitarbeiter zerschellte der ICE 884 „Wilhelm Conrad Röntgen“ mit 200 km/h an einer Brücke. Das bisher schlimmste Unglück in der Geschichte der Deutschen Bahn forderte 101 Todesopfer, 104 Personen wurden schwer verletzt.

Um 10.57 Uhr begann der ganze ICE zu rumpeln, ein mahlendes Geräusch war zu hören. Bei Streckenkilometer 55 brach der Radreifen an der dritten Achse des ersten Wagens. Es vergingen zwei Minuten, in denen der stählerne Reifen vom Radkern glitt, auf der Radsatzwelle herumschleuderte und immer wieder gegen Schwellen und Wagenboden schlug.

Um 10.59, bei Kilometer 60, entgleisten die Wagen 1 und 2 an einer Weiche und ratterten führungslos über das Schotterbett, der Triebkopf riss ab und fuhr drei Kilometer weiter durch den Bahnhof Eschede. Wagen 3 schleuderte gegen die Brückenpfeiler, der vierte Wagen brach seitlich aus, während tonnenschwere Betonteile auf den fünften Wagen stürzten und die Gleise blockierten. Alle nachfolgenden Wagen schoben sich zusammen, ein lauter Knall, der noch kilometerweit zu hören war, und eine große dunkle Staubwolke begleiteten das Inferno.

Über 1.000 Helfer fanden sich am Unglücksort ein, der Luftraum wurde gesperrt, bis auf Rettungsflieger. Eschede steht bis heute für den schwärzesten Tag des ICE.

EINSATZ IN DER NEUEN WELT

Trip to America

Der ICE war vom 1. Juli bis zum 15. Dezember 1993 in Amerika. In diesem Zeitraum legte er eine Strecke von rund 80.500 km zurück.

Anlass für die ICE-Demofahrt war, dass Nordamerika wachsendes Interesse am Intercity-Personenverkehr mit Hochgeschwindigkeitszügen hohen Komforts hatte. Deshalb wollten Siemens und AEG ihre Technologie in Amerika präsentieren. Finanziert wurde die Werbetour von Siemens und AEG, organisatorisch unterstützt wurde das Projekt von Amtrak und der DB AG.

Die Fahrzeuge des Triebzuges wurden für den Einsatz in den USA vorbereitet. Es musste unter anderem ein Umformsatz für die Netzspannung von 11 kV/25 Hz bereitgestellt werden.

Insgesamt waren es rund 120.000 Menschen, die den Zug mit eigenen Augen gesehen haben oder gar damit gefahren sind.

Am 29. Juli 1993 fand die große ICE-Präsentation in Washington Union Station statt. In den Monaten August und September wurde der ICE dem Publikum in einer „National Tour" vorgestellt. Ziel dieser Tour war es, den ICE auch außerhalb des Nord-Ost-Korridors der Öffentlichkeit vorzustellen.

Nachdem alle festlichen Veranstaltungen abgeschlossen waren, begannen die Vorbereitungen für den ICE als Metroliner. Er wurde zwischen Washington und New York eingesetzt. Am 4. Oktober startete der ICE zu seiner ersten Fahrt als Amtrak-Metroliner. Am 15. Dezember wurde der Einsatz des ICE mit einem großen Medienrummel beendet.

Die speziell in ICE-Farben lackierte US-Diesellok zieht den Amerika-Gast durch die Wüste bei San Luis Obispo.
Foto: Archiv GeraMond

Versehen mit dem Amtrak-Schriftzug fand der ICE in den USA zwar viele Fans, eine Bestellung blieb aber aus.
Foto: Archiv GeraMond

Die Neubaustrecke zwischen Köln und Frankfurt (Main) weist die höchste Zugfrequenz im deutschen ICE-Netz auf. Hier kommt nur der ICE 3 zum Einsatz, der Steigungen bis zu 40 Promille mit einer Geschwindigkeit von 300 km/h bewältigt.
Foto: R. Georgi

DIE NEUGEBAUTEN STRECKEN

Hochgeschwindigkeit

Mit dem ICE 1 trat die Deutsche Bahn ins fahrplanmäßige Hochgeschwindigkeitszeitalter ein. Die Passagiere wussten die Vorzüge des neuen Zuges schnell zu schätzen.

Hochgeschwindigkeitssysteme eignen sich nur zur Verbindung von Ballungsräumen. In Deutschland liegen die Zentren dicht beieinander. Deshalb hat man sich für ein in sich vernetztes System entschieden, welches eine fahrplanmäßige Höchstgeschwindigkeit von 250 km/h auf Neubaustrecken (NBS) und 200 km/h bzw. 230 km/h auf Ausbaustrecken (ABS) vorsieht.
Unter Berücksichtigung von Mischbetrieb (Güter- und Personenverkehr) ergaben sich für die Linienführung beispielsweise folgende Parameter: Gleislängsneigung mit maximal 12,5 Promille, Mindestradius der Bögen von 5.100 Metern, Regelradius der Bögen von 7.000 Metern. Die Streckenführung erforderte aufgrund der Mittelgebirgs-Topografie zahlreiche Tunnel- und Brückenbauwerke.

Tunnel

Da schwierigen Boden- und Grundwasserverhältnissen nur in wenigen Fällen ausgewichen werden kann, sind bei Planung und Bau der Tunnelbauwerke Sachkenntnis, Ideenreichtum und Flexibilität gefordert. Die wesentliche Randbedingung stellen die geologischen Verhältnisse und die Geometrie der Tunnelquerschnitte dar. Deshalb wurden die Tunnel der NBS zu 80 Prozent in bergmännischer Bauweise mit konventionellem

Die erste Messfahrt auf der NBS Köln–Rhein/Main fand am 12. August 2001 zwischen Frankfurt (Main) Sportfeld, Montabaur und Siegburg statt. Die Aufnahme zeigt den Messzug mit zwei Dieselloks der Baureihe 218 zwischen Idstein und Bad Camberg.
Foto: DB AG/Mann

Vortrieb vorgenommen. Dazu zählen auch Teilausbrüche, Sprengbetrieb oder Baggerbau und Spritzbetonsicherung. Neben der bergmännischen Bauweise kam auch die offene Tunnelbauweise zum Einsatz.

Brücken

Grundlagen für den Bau sind Vorgaben, die den wirtschaftlichen, funktionalen und konstruktiven Rahmen abstecken. Diese Vorgaben konnten beim Entwurf vor allem bei Talübergängen und Aufständerungen genutzt werden. Die endgültige Art der Bauausführung wurde später aufgrund des Ausschreibungswettbewerbs festgelegt. Kennzeichnend für die Rahmenvorgaben sind etwa:

- Lagerung der Überbauten auf einer Reihe verhältnismäßig schmaler Pfeiler
- Leichte Zugänglichkeit für die Instandhaltung
- Konstanter Fahrbahnquerschnitt und damit eine konstante Bauwerksbreite.

Bis auf wenige Ausnahmen wurden die Brücken der NBS Hannover–Würzburg in Spannbeton gebaut.

Oberbau

Für den Oberbau auf Schnellfahrstrecken müssen folgende Anforderungen erfüllt werden:

- Sicheres Führen von Personenzügen mit bis zu 280 km/h und Güterzügen mit Achslasten bis zu 22,5 t
- Hoher Reisekomfort auch bei hohen Geschwindigkeiten
- Hohe Verfügbarkeit und geringer Aufwand für die Instandhaltung (Liegezeit zwischen 40 und 60 Jahren ist einzuhalten)
- Geringe Luft- und Körperschallabstrahlung
- Hohe Wirtschaftlichkeit durch Optimierung von Instandhaltungs- und Erstellungskosten und Nutzungsdauer.

Aufgrund dieser Anforderungen kam auf den NBS der bewährte Schotteroberbau mit Schienen UIC 60 auf Spannbetonschwellen B 70 W zum Einsatz. Neu war, dass er auf einer Frostschutzsschicht und durchgehender Planumsschutzschicht aufgebaut wurde. Für vier Tunnel wurde der Oberbau mit fester Fahrbahn gewählt, um Erfahrungen im Bau und Be-

Arbeiten am Bau der auf fester Fahrbahn verlegten Schienen der Neubaustrecke Nürnberg–Ingolstadt.
Foto: Claudia Franke

HOCHGESCHWINDIGKEITSSTRECKEN IN DEUTSCHLAND			
Strecke		**Eröffnung**	**Länge**
Mannheim	Stuttgart	29. Mai 1991	100 km
Würzburg	Hannover	2. Juni 1991	327 km
Hannover	Berlin	27. September 1998	274 km
Köln	Rhein/Main	25. Juli 2002	180 km
Hamburg	Berlin	12. Dezember 2004	286 km
München	Nürnberg	13. Mai 2006	171 km

trieb zu sammeln. Diese Erkenntnisse gingen später in die NBS Ingolstadt–Nürnberg ein. Für den Eisenbahnbetrieb und für Betriebsstörungen wurden Überleitverbindungen zwischen den Streckengleisen in einem Abstand von etwa sieben Kilometern vorgesehen. Die Überleitgeschwindigkeit beträgt 130 km/h.

Energieversorgung

Die Anforderungen an die Energieversorgung steigen durch höhere Geschwindigkeiten bis zu 300 km/h, den Einsatz von Zügen mit höherer Leistung sowie die Erhöhung der Beförderungskapazität. Daher war es notwendig, die vorhandenen Infrastrukturen auszubauen und anzupassen. Dazu gehören etwa die Stromgeneratoren, die Stromleitungen und Stromunterwerke sowie Schaltanlagen.

Besondere Aufmerksamkeit wurde dem Energie-Übertragungssystem von der Oberleitung zum Stromabnehmer gewidmet. Aufbauend auf den Erfahrungen mit den vorhandenen Oberleitungsbauarten wurde die Bauart Re 250 entwickelt. Sie garantiert ein hohes Maß an Sicherheit und Zuverlässigkeit und ermöglicht kurze Instandhaltungszeiten.

Bahnhöfe

Die Bahnhöfe auf HGV-Strecken stehen im unmittelbaren Kontakt zum Bahnkunden und sind wichtige Zwischenstationen bei der betrieblichen

Die geologischen Verhältnisse in der Gegend um Kinding sind sehr schwierig, weshalb die Neubaustrecke zwischen Ingolstadt und Nürnberg sehr teuer wurde und einen hohen Wartungsbedarf hat. Blick vom Schellenbergtunnel auf den vorbeifahrenden ICE 3.
Foto: Claudia Franke

Verkehrsabwicklung. Alle Bahnhöfe entlang der Strecke sind eher „historisch“. Sie wurden an das neue Erscheinungsbild angepasst und typisiert. Der Bahnhof Kassel-Wilhelmshöhe wurde komplett neu gebaut. Er ist damit neuer Schwerpunkt im Personenverkehr für die Stadt Kassel. Hier werden die Übergänge zwischen Stadt, Nahverkehr und Fernverkehr gestaltet. Dies geschieht auch durch die Straßenanbindung, durch die futuristische Architektur und Ausstattung des Bahnhofs.
Ferner sind zwei weitere Typen von Bahnhöfen wichtig: die Verknüpfungsbahnhöfe. Sie haben eine ähnliche Aufgabe wie die normalen Fernbahnhöfe. Die Überholungsbahnhöfe erfüllen betriebliche Aufgaben. Alle zwanzig Kilometer ist ein solcher Bahnhof vorzusehen, damit der HGV langsamere Züge überholen kann.

Erst mit den Neubaustrecken konnte man die Mittelgebirge schnell durchqueren; Doppeltraktion mit zwei ICE 2 auf der Strecke Hannover–Würzburg.
Foto: Uwe Miethe

Zahlen zu Würzburg–Hannover und Stuttgart–Mannheim

Fast 18 Jahre Planungs- und Bauzeit wurden für die beiden NBS Hannover–Würzburg und Stuttgart–Mannheim bis zur Fertigstellung benötigt. Eine Vielzahl von Einzelaktivitäten war notwendig, um termingerecht das mit dem Fahrplanwechsel 1991 vorgegebene Ziel des Eintritts in den Hochgeschwindigkeitsverkehr zu erreichen. Erst nach Abschluss der erforderlichen Rechtsverfahren konnte der Bau der Neubaustrecken im Jahr 1981 auf ganzer Länge aufgenommen werden.

In diesen 18 Jahren wurde für die beiden Neubaustrecken gebaut:

- 970 km Gleise
- 384 Brücken mit 35 km Länge
- 76 Tunnel mit 152 km Länge
- 99 km Dämme
- 119 km Einschnitte
- 10 Überholungsbahnhöfe.

Triebzug „Lutherstadt Wittenberg" und noch ein weiterer 402 sind am 6.9.2011 nördlich des Euerwangtunnels unterwegs, während sich auf der parallelen Autobahn ein Stau anzukündigen scheint.
Foto: Manfred Gorus

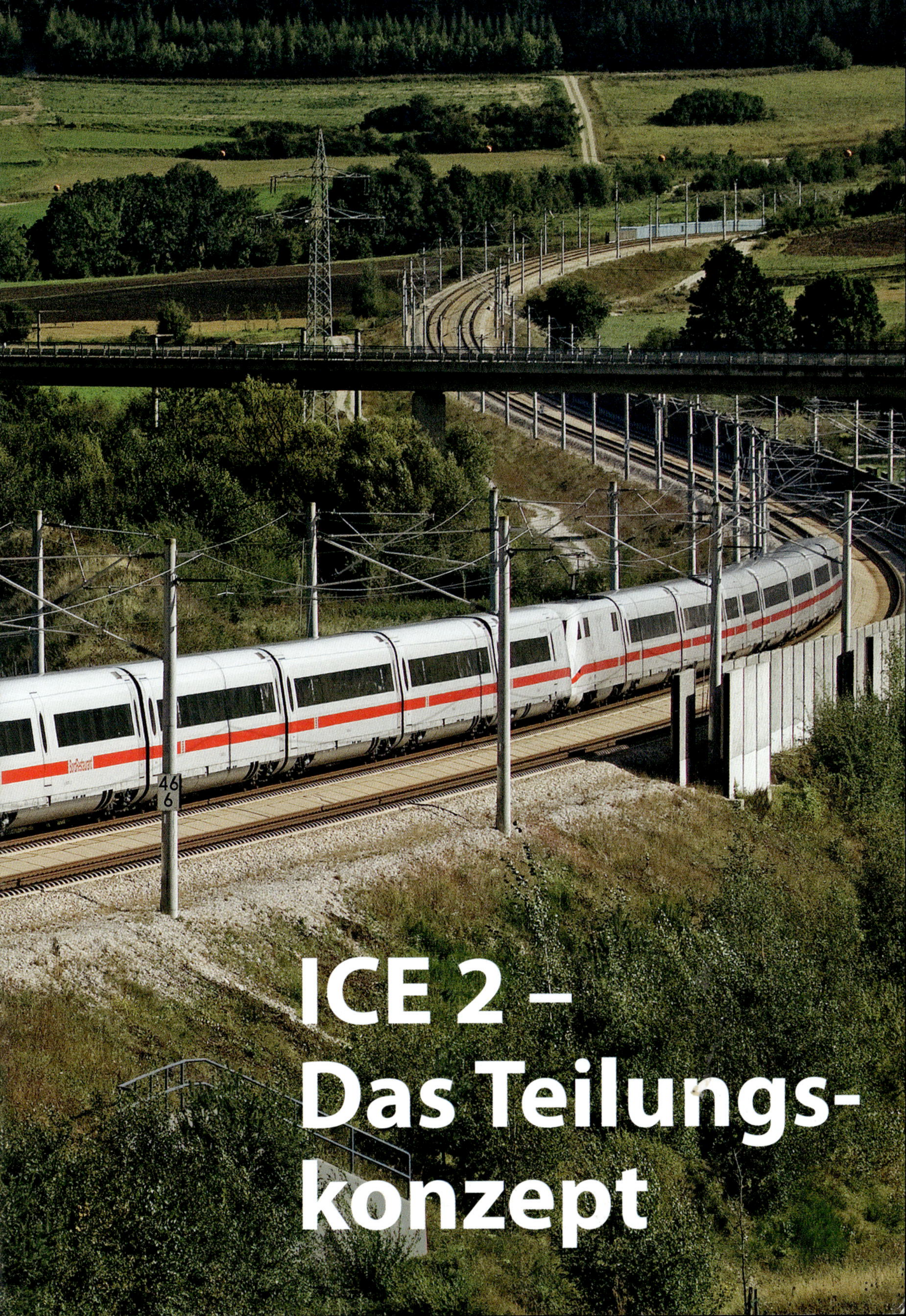

ICE 2 – Das Teilungskonzept

Das Halbzugkonzept des ICE 2 ermöglicht das Flügeln von ICE-Zügen. Auch im Hauptbahnhof von Hamm kann man die Kupplungs- und Trennungsvorgänge beobachten.
Foto: Archiv GeraMond

FLEXIBLE LÖSUNG

Der ICE wird geteilt

Aufgrund des geplanten Einsatzgebiets auf den neuen ICE-Linien Berlin–Hannover–Köln und Berlin–Hannover–Bremen musste ein veränderbares Triebzugkonzept her.

Bereits wenige Tage vor der Inbetriebnahme des ICE-Verkehrs am 2. Juni 1991 machten sich die Ingenieure von Bahn und Industrie Gedanken über den Nachfolger des ICE 1. Der Bedarf an weiteren Zügen zeichnete sich schon jetzt ab. Als der ICE 1 so erfolgreich war, intensivierte man diese Gedanken und entwickelte den ICE 2. Allerdings mit einer etwas anderen Konzeption.

Das Konzept des ICE 2

Das Langzugkonzept sollte bestehen bleiben. Untersuchungen zeigten, dass kürzere Zugeinheiten hier wirtschaftlicher sein würden. So entstand der ICE 2 bestehend aus einem Triebkopf, sechs Mittelwagen und einem nicht angetriebenen und völlig neu entwickelten Steuerwagen. So konnte der Zuglauf an die von verschiedenen Faktoren abhängige Auslastung der Züge angepasst werden – durch Kuppeln und Entkuppeln.

Wäre man größtenteils mit den ICE-2-Zügen als Langzug (2 Einheiten) gefahren, hätte es weniger Platzangebot gegeben. Allerdings gäbe es keinen Durchgang durch den kompletten Zug, wodurch ein höherer Personalbedarf nötig wäre. Die Kupplungen sind zudem teuer und wartungsintensiv, und zwei Restaurant-Wagen in einem Langzug steigern zudem die Kosten. Alle Anforderungen an das Nachfolgemodell des ICE 1 wurden bis November 1991 erfasst, bis Herbst 1992 entstand das Lastenheft. Am 21. Oktober 1992 konnte die Bahn die Ausschreibung starten.

In Anlehnung an den Flugverkehr wurde auch kurze Zeit über das Konzept des Steuerwagens nachgedacht. Es entstand die Idee „Quick Change“. Man überlegte, ob man einen Teil des Fahrgastraums ersetzen könne, um ihn als Gepäckraum oder Cateringmodul mit Küche und Kiosk nutzen zu können. Da es aber einige konstruktive Probleme gab und man sich nicht in letzter Konsequenz mit dieser Idee beschäftigte, verwarf man diese Absicht.

TECHNISCHE DATEN

ICE 2 Gesamtzug

- Fahrzeugbegrenzung: UIC 505-1
- Zusammenstellung: 1 Triebkopf, 6 Mittelwagen, 1 Steuerwagen
- Betriebliche Höchstgeschwindigkeit: 280 km/h
- Baujahre: 1995–1997
- Spurweite: 1.435 mm
- Zugleitsysteme: PZB, LZB, Sifa
- Zuggewicht leer: 364 t
- Beschleunigung auf:
- 100 km/h: 1 Minute, 6 Sek.
- 200 km/h: 3 Minuten, 20 Sek.
  250 km/h: 6 Minuten, 20 Sek.
- Anfahrweg auf:
  100 km/h: 900 Meter

Im August 1993 erklärte die Bahn ihre Kaufabsichten. Es folgten sehr harte Preisverhandlungen, ehe im Dezember 1993 die Verträge unterschrieben wurden. Im Vertrag waren die spätere Lieferung weiterer 13 Züge sowie eine Option für 60 zusätzliche Züge mit Wandlungsrecht vereinbart. Diese wurden später dann für den ICE 3 genutzt, der zunächst als ICE 2.2 bezeichnet wurde. Es wurden 44 Züge bestellt, inklusive einem Ersatz-Steuerwagen 808 045 und zwei Ersatz-Triebköpfen (402 045/046). Die Triebköpfe sind auch mit dem ICE 1 kompatibel.

Auftragnehmer für die bestellten Züge war eine Arbeitsgemeinschaft, bestehend aus AEG und Siemens sowie ABB, Duewag, LHB, MAN und DWA. Vorteil dieser Arbeitsgemeinschaften ist, dass die Bahn die gewonnenen Erkenntnisse und Anforderungen durch den Betrieb der Fahrzeuge an die Industrie weitergibt. Die Industrie selbst verfügt nicht über derartige Kenntnisse. Verschiedene kleine Änderungen gegenüber dem ICE 1 wurden vorgenommen. So wurde das Kältemittel in der Klimaanlage durch ein FCKW-freies ersetzt.

Die Sitze der Grammer AG wiegen auch nur noch die Hälfte – 25 kg. Dadurch konnte das Gewicht der Mittelwagen deutlich verringert werden. Weiterhin wurden Außendisplays an den Wagenenden angebracht, damit der Reisende direkt in seinen richtigen gewünschten Zugteil einsteigen kann. Auch im Großraum wurden die elektronischen Displays angebracht, worüber verschiedene Informationen angezeigt werden können. Der ICE 2 wurde in der Konfiguration Triebkopf + sechs Mittelwagen + Steuerwagen gebaut. Halbzüge mit fünf Mittelwagen sowie das Bilden eines Langzuges mit zwei Triebköpfen ohne Steuerwagen ist technisch möglich. Die Wagenbezeichnungen wurden nicht vom ICE 1 übernommen – etwa BWSmz (BR 807). Man nahm nun reine numerische Gattungsbezeichnungen.

Ebenso neu beim ICE 2 ist das Halbzug-Konzept mit einem Triebkopf, sechs Mittelwagen und einem neu konzipierten Steuerwagen der Baureihe 808. Von diesem aus lässt sich der Zug gut steuern. Er bietet zudem Platz für 54 Fahrgäste. Der Maschinenraum ist auch vom Fahrgastraum zugänglich. Hier sind die nötigsten Geräte untergebracht. Triebzug 211 hat am 26. Februar 2008 Augsburg verlassen.

Foto: Claudia Franke

Der Führerstand 402 unterscheidet sich nicht vom 401. In den letzten Jahren wurden separate Ebula-Displays eingebaut, weshalb das Zugfunk-Gerät in einem Aufbau Platz gefunden hat.

Beim Redesign wurden neue luftgefederte Sitze für den Lokführer verbaut.

Fotos: Claudia Franke

Wichtige Unterschiede zum ICE 1

Die automatische Scharfenbergkupplung dient zum Kuppeln und Entkuppeln zweier Halbzüge. Sie ist verdeckt unter zwei Bugklappen.
Im Gegensatz zum ICE 1 wurde beim ICE 2 auf eine durchgehende Hochspannungsleitung verzichtet. In der Regel wird so gekuppelt, dass die Höchstgeschwindigkeiten problemlos ausgefahren werden können. Lediglich bei der Variante Triebkopf + Triebkopf ist eine Einschränkung der Geschwindigkeit auf 200 km/h beschränkt.
Es gibt pro Wagen nur noch eine Magnetschienenbremse an einem Drehgestell. Dies war durch das geringere Gewicht der Mittelwagen des ICE 2 möglich. Das „Buckeldach" des Speisewagens vom ICE 1 ist weggefallen. Das Konzept mit Restaurant, Galley und Bistro wurde jedoch weitgehend übernommen.

Der Führerstand im ICE 2

Auch der Führerstand wurde weitgehend vom Vorgängermodell ICE 1 übernommen. Die Hilfsschalter an den Seiten mit den Tastern, die für die LZB und die PZB vorgesehen waren, wurden weggelassen. In der Praxis zeigte sich nämlich, dass diese Schalter und Taster selten verwendet wurden. Die Hilfsschalter sind beim ICE 1 in Seitenfensterhöhe angebracht. Diese Einrichtung ist für die Abfahrt vorgesehen. So kann der Lokführer beim Anfahren aus dem Fenster schauen und prüfen, ob alle Zugtüren geschlossen sind. Dies ist aber nicht mehr erforderlich, da es Zugbegleiter im Zug gibt, die den Abfahrauftrag geben. Auf diese Einrichtung wurde beim ICE 2 verzichtet, weil der Lokführer auf dem Führerstand mittels Leuchtmelder angezeigt bekommt, ob alle Türen verschlossen und verriegelt sind.
Da die ICE 2 jetzt über eine richtige Kupplung verfügen, wurden am Schaltschrank und an der Führerraumrückwand im Maschinenraum zusätzliche Schalter und Anzeigetafeln für die Bugklappen und den Kupplungsmechanismus eingebaut. Diese sind:

- Leuchttaster zum Öffnen der vorderen Bugklappe und zum Aktivieren der Kuppelfahrt (2 km/h)
- Leuchttaster zur Öffnung der hinteren Bugklappen
- Leuchttaster mit Abdeckhaube zum Schließen von geöffneten Bugklappen
- Taster mit Abdeckhaube für die Funktion „Datenverkehr beenden" und zum Vorbereiten des Kupplungsvorgangs
- Leuchttaster für das Entkuppeln mit Rückmeldung des Vorgangs
- Leuchtmelder als Anzeige für den gekuppelten Zustand.

Wie beim ICE 1 (401 051 - 401 090; 401 552 - 401 590) sind die Triebköpfe des ICE 2 mit der energiesparenden GTO-Technik mit Siedebadkühlung (FC 72 als Kühlmittel, FCKW-frei) ausgestattet.

Kupplungen und Übergänge

Die Übergänge zwischen den Wagen werden als Doppelwellenbälge (Faltbälge) bezeichnet. Sie sind einfach in der Bedienung und bieten eine sichere druckdichte Verbindung der einzelnen Mittelwagen mit den Triebköpfen. Der Aufbau entspricht denen des ICE 1, sind jedoch leichter ausgeführt.

Neu beim ICE 2 sind die vollautomatischen Mittelpufferkupplungen der Firma Schaku (Scharfenbergkupplung) an den Triebkopf-Frontseiten. Die Frontkupplungen sind mit einem festen Drehpunkt ausgeführt, jedoch nicht teleskopierbar. Da nun zwei Bugklappen für die Kupplung nötig waren, wurden die Spitzenlichter sowie die Lüftungsschlitze höher angeordnet. Die Klappen, die nun bei den Triebköpfen nötig waren, bestehen aus einem glasfaserverstärkten Kunststoff (GFK). Die Klappen sind über zwei Lenkerpaare und zwei Konsolen mit einem zentralen Drehpunkt am vorderen Kopfstück befestigt und werden pneumatisch vom Führerstand aus betätigt, im Notfall können sie auch manuell bedient werden.

Falls der ICE abgeschleppt werden muss, liegt neben der rechten Zugangstür im Triebkopf eine Übergangskupplung, die mit dem Zughaken der Hilfslok verbunden werden muss. Für die Energieversorgungsleitungen, Sprechverbindungen und Hauptluft- sowie Hauptluftbehälterleitungen sind Kabel vorgesehen bzw. können über die Bremsschläuche der Hilfslok angeschlossen werden.

Die Regelgeschwindigkeit beim Kuppeln beträgt 2 km/h. Triebkopf und Wagen sind, wie beim ICE 1 auch, über mechanische Mittelpufferkupplungen (mittels Bügel-Spannverschlüssen) miteinander verbunden, die alle Versorgungsleitungen (LWL, HL, HBL, ZS, etc.) miteinander verbinden.

Ein Blick hinter die zwei GfK-Bugklappen. Hier befindet sich die Schaku. Mit dieser können zwei Halbzüge miteinander gekuppelt werden. Zwei Lampen oberhalb können die Kuppelbereitschaft anzeigen.
Foto: Claudia Franke

Am Morgen des 8. August 2014 wartet unter anderem Triebzug 240 „Bochum" auf die Fahrt als ICE 784 nach Hamburg und Lübeck.
Foto: Claudia Franke

Der Hauptluftpresser im 402 zur Versorgung der Hauptluftbehälterleitung im Zug. Dahinter zu erkennen die Lufttrocknungsanlage.

Foto: B. Bartsch

Stromabnehmer

Beim ICE 2 wurde der weiterentwickelte Einholm-Hochgeschwindigkeitsstromabnehmer DSA 350 SEK der Firma Stemmann Technik GmbH serienmäßig eingebaut. Der Stromabnehmer besteht aus Stahl und Aluminium und benötigt keinen Anstrich. Die Gelenke sind aus wartungsfreien Wälzlagern. Dachtrennschalter sind nicht vorhanden, dafür sind flexible und lösbare Verbindungen in der Dachleitung vorgesehen. Bei ausreichender Kühlung (bei Fahrgeschwindigkeiten über 100 km/h) können dauernd 1.000 A übertragen werden.
Die Herstellungskosten konnten um 75 Prozent im Gegensatz zu den Kosten beim ICE V gesenkt werden. Dieser Stromabnehmer bewährte sich so gut, dass er auch nachträglich beim ICE 1 eingebaut wurde. Im April 1995 wurde die EBA-Zulassung für diesen Stromabnehmer – beim Einsatz in Doppeltraktion bei bis zu 280 km/h – gewährt.

Stromabnehmer DSA 350 SEK
Fahrgeschwindigkeit: 280 km/h
Material: Stahl und Aluminium
Gewicht (ohne Isolatoren): 106 kg
Größte Steighöhe: 3.000 mm (mit Isolatoren)
Tiefste Lage (mit Isolatoren): 540 mm
Schleifleistenlänge: 1.576 mm
Wippenlänge: 1.950 mm
max. Spannung: 15 kV/25kV
max. Strom: 1.000 A
Schleifkontakt: Kohle
Anpresskraft: 70–120 N (einstellbar)
Antriebsart: Pneumatischer Hubantrieb
Antriebsversorgung: 5 bar
Bestätigungszeit Heben: 5 sek (einstellbar)
Bestätigungszeit Senken: 4 sek (einstellbar)

Elektronik im ICE 2

Das Leitsystem

Im Prinzip hat sich die Leittechnik gegenüber dem ICE 1 nicht verändert. Die zentrale Datenleitung erfolgt immer noch über die bewährten Lichtwellenleiter (LWL, Glasfaser). Durch diese Vereinheitlichung können auch Mittelwagen des ICE 1 mit Triebköpfen des ICE 2 eingesetzt werden. Unverändert vom ICE 1 übernommen wurde die automatische Fahr- und Bremssteuerung (AFB) sowie das HSM (mikroprozessorgesteuertes elektronisches Bremssystem), LZB und die ZWG (zentrale Weg- und Geschwindigkeitsmessung). Verbessert wurden:
Die ASG (Antriebssteuerung) erhielt von Siemens ein leistungsstarkes 32-Bit-System namens „SIBAS“. Dadurch wurde der Signalprozessor schneller und die ASG effektiver. Das Bussystem IFZ (Integrierter Fahrzeug-Zubringerbus) wurde erweitert. Die ZSG wurde um die Doppeltraktionsfähigkeit erweitert. Das Diagnosesystem „DAVID“ wurde um die Doppeltraktionsfähigkeit (Fahren zweier gekuppelter Halbzüge) erweitert.

Zugsteuergeräte (ZSG)

Jeder Triebkopf besitzt zwei groß aufgebaute Zugsteuergeräte. Sie regeln, organisieren und überwachen den Datenaustausch innerhalb des Trieb-

An den Displays in den Bahnhöfen wird die Teilung der Züge auf dem Fahrtverlauf genau angezeigt. Wie in diesem Beispiel verkehrt ICE 784 komplett bis Hannover und wird dort geteilt. Ein Zugteil fährt weiter nach Lübeck Hbf, der hintere weiter nach Bremen Hbf.
Foto: Claudia Franke

kopfes und mit den anderen Fahrzeugen des Zugverbandes, wobei ein ZSG aktiv ist und das andere sich im Stand-by-Modus befindet. Das aktive Zugsteuergerät organisiert den Datenverkehr mit den Subsystemen über 20 mA-Schnittstellen.

Das Diagnosesystem

Im Triebkopf befinden sich zwei redundante Diagnoseeinrichtungen, DAVID 1 und 2. Bei einer Doppelzugbildung werden die Daten des jeweils anderen Triebzuges gegenseitig übertragen und im DAVID der Triebköpfe und Steuerwagen gespeichert. Wird ein Zug getrennt, so werden die Daten des jeweils anderen Zuges im Speicher gelöscht. Dies dauert einen Moment. Nach dem Entkuppeln treten auch eine Zeit lang noch ein paar Störungen auf, die jedoch innerhalb weniger Sekunden wieder verschwinden. Die Diagnosedaten werden mittels Funkverbindung an die Werke vorgemeldet. Als Sendeeinrichtung wurden Teleport-Geräte in den Führerständen eingebaut. Das Vormelden erfolgt nur vom führenden Triebkopf bzw. Steuerwagen und nach Zugteilen getrennt.
Die DAVID-Rechner steuern die beiden Displays im Führerraum, über die verschiedene Zustandsmeldungen des Zuges eingesehen werden können. Auch das aufgerüstete Abstellen ist hierüber möglich.
Über einen Fahrzeugbus (EIA-485-Standard) sind die Fahrzeugsteuersysteme wie Klima- und Türsteuerung und Bremssteuerung mit dem ZEUS (Zentraleinheit für Überwachung und Steuerung) verbunden. In jedem Mittelwagen gibt es im Schaltschrank ein elektroluminiszierendes ZEUS-Display. Über diese Schnittstelle ist es möglich, Mängel in einem Wagen in das System einzugeben oder Fehlercodes und Abhilfemaßnahmen abzurufen.

Wagenkasten

Der Wagenkasten der Mittel- und Steuerwagen teilt sich wie bisher in die Rohbauschweißgruppen Untergestell (Bodenplatte), Seitenwände, Dach und Stirnwände auf. Ferner wurden die Legierungen AlSiMg0,7 für die Strangpressprofile und AlMg4,5Mn für die Bleche verwendet.
Die Bodenplatte besteht aus zwei Langträgern und fünf Bodenelementen, bestehend aus Strangpress-Hohlkammerprofilen. An den Profilen sind Halteprofile für die Befestigungsschienen des Fußbodens und der Sitze angebracht. Zur Bodenplatte gehören weiterhin zwei zusammengesetzte Kopfstücke für die Aufnahme von Kupplungen und Einstiegen. Dazu kommen zwei zusammengesetzte Hauptquerträger für die Drehgestelle.

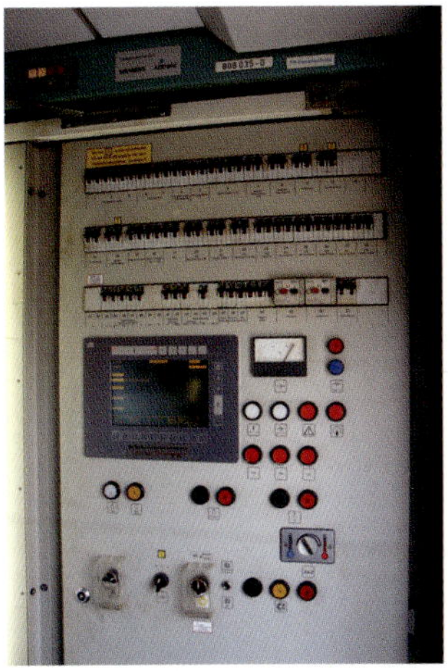

Wagenschalttafel im Steuerwagen 808 mit dem Zeus-Display in der Mitte.
Foto: Claudia Franke

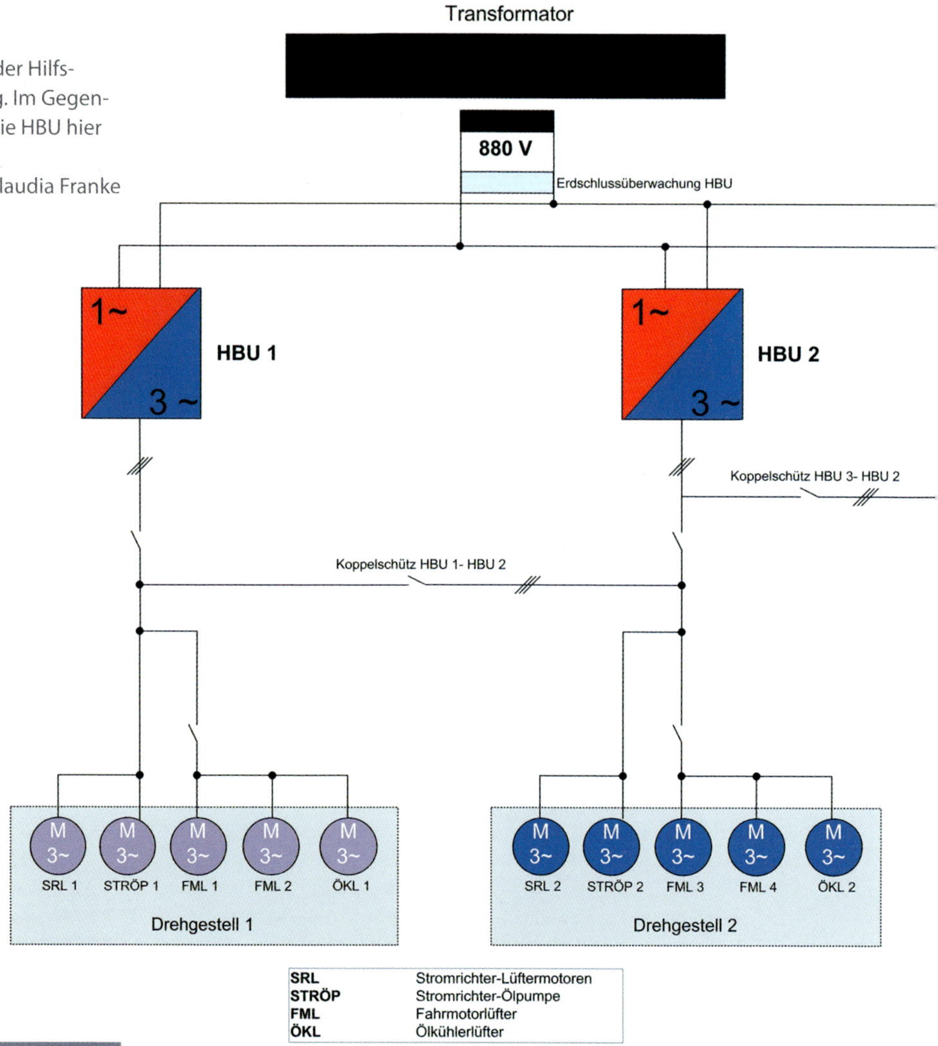

Prinzipdarstellung der Hilfsbetriebeversorgung. Im Gegensatz zum 401 sind die HBU hier leistungsfähiger
Skizze: Claudia Franke

TECHNISCHE DATEN

ICE 2 Triebkopf

Länge über Kupplung: 20.560 mm
Breite: 3.070 mm
Höhe ohne Stromabnehmer: 3.840 mm
Achsfolge: Bo'Bo'
Achsabstand: 3.000 mm
Treibraddurchmesser neu: 1.030 mm
Treibraddurchmesser abgenutzt: 950 mm
Masse gesamt: 78.000 kg
Masse elektrische Ausrüstung: 40.000 kg
Masse mechanischer Teil: 38.000 kg
Elektr. Netzbremse (max. Leistung): 4.000 kW

Die Seitenwände wurden – gegenüber dem ICE 1 – jetzt nicht mehr in der Differenzialbauweise, sondern in der Integralbauweise gefertigt. Die Seitenwände bestehen aus zusammengeschweißten Strangpress-Hohlkammerprofilen in stärkerer Ausführung, jedoch ohne weitere innere Verstrebungen.

Dach und Stirnwände

Neu beim ICE 2 und somit deutlich erkennbar ist das Dach des Servicewagens. Er hat nun dieselbe Höhe wie alle anderen Wagen, weil die Küchengeräte technisch verbessert und anders angeordnet wurden. Somit konnten wieder Kosten gesenkt werden. Das Dach besteht aus seitlich liegenden Dachgurt-Hohlkammerprofilen. An den Wagenenden 1 befinden sich beidseitig eingefräste Öffnungen für die Klimaluft-Ansaugung. Diese werden mit Deckel verschlossen, außenhautbündig und druckdicht. Die Dachhaut wird durch längs laufende Großstrangpressprofile gebildet.
Die Stirnwände bestehen aus Strangpressprofilen, Abkantteilen und Aluminiumblechen. Die Bodenwannen (für die Unterflur-Geräteanordnung) gehören nicht zum tragenden Bestandteil der Wagenkästen.
Der Wagenkasten der Steuerwagen (Bpmf) entspricht dem der Mittelwagen. Unterschiede ergaben sich jedoch beim Kopfbereich.

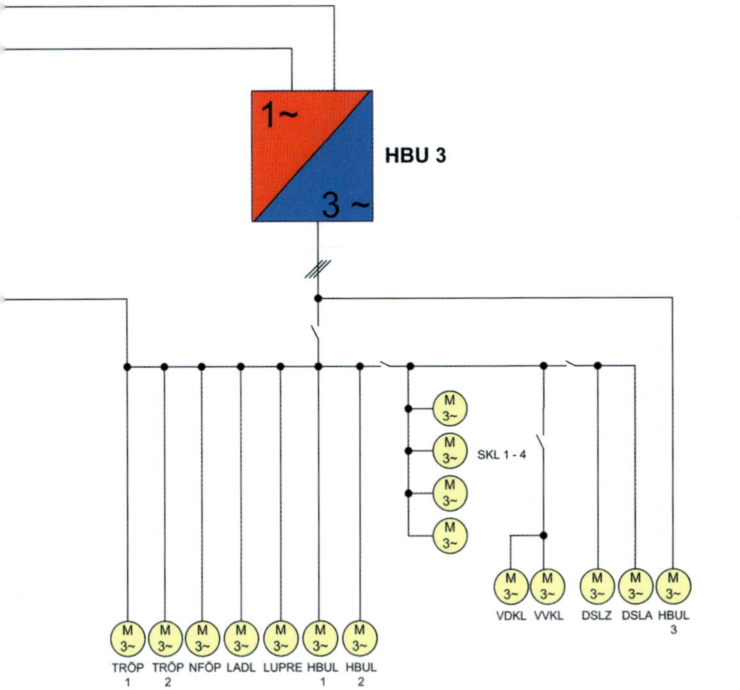

TRÖP	Trafoölpumpe
NFÖP	Netzfilter-Ölpumpe
LADL	Ladedrossel-Lüfter
LUPRE	Luftpresser
HBUL	Eigenlüfter im HBU

SKL	Saugkreis-Lüftermotoren
VDKL	Verdichter-/Verflüssigeraggregat *)
VVKL	Verflüssiger-Ventilator *)
DSLZ	Druckschutzlüfter Zuluft
DSLA	Druckschutzlüfter Abluft
HBUL	Eigenlüfter im HBU

*) für Führerstands-Klimaanlage

Die Bremsgerätetafel im Maschinenraum mit allen wichtigen Komponenten der Bremsanlage. Foto: Bernd Bartsch

Die Drehgestelle

Die Triebdrehgestelle des ICE 2 sind mit denen des ICE 1 identisch. Sämtliche Laufdrehgestelle befinden sich unter den Mittelwagen. Um das bekannte Bistrobrummen zu verhindern, wurde beim ICE 2 ein Hochleistungsdrehgestell mit Koppelrahmen eingebaut (HLD-KL). Doch wurden weitere Tests beim ICE 1 mit sechs verschiedenen Drehgestellen durchgeführt. Letztendlich entschied man sich für das Drehgestell SGP 400 der Firmen Simmering-Graz-Pauker AG, ein von Siemens-SGP entwickeltes Drehgestell.

Die Drehgestelle für die Mittelwagen, Baureihen 805, 806, 807: Der Drehgestellrahmen besteht aus einer Schweißkonstruktion, die sich aus zwei steifen und stark durchgekröpften Langträgern, die wiederum durch zwei rohrförmige Querträger verbunden sind, zusammensetzt. Im Bereich der Luftfederaufnahmen sind Schottbleche eingeschweißt.

Sämtliche Radsatzlager sind mittels Säulenführungen an den Enden der Langträger angebracht. Die Primärfederung besteht aus einem Schraubenfedern-Paar (in Verbindung mit Gummielementen) und jeweils einem Vertikaldämpfer. Die Radsatzlager besitzen Gleitschutzsensoren, Schutzwiderstände und Erdungskontakte. Die Sekundärfederung besteht aus zwei Luftfedern je Drehgestell. Als Notfeder steht eine Konus-Gummife-

TECHNISCHE DATEN

ICE 2

- Elektrische Ausrüstung
- Stromsystem: 15 kV 16,7 Hz
- Stromabnehmer Hersteller: Adtranz
- Stromabnehmer Typ: DSA 350 SEK
- Fahrmotoren Bauart: Drehstrom-Asynchron
- Fahrmotoren-Dauerleistung: 4 x 1.200 = 4.800 kW
- Kosten je Zug: 18,2 Mio. €
- Anzahl der Züge: 44

Ein interessantes Gespann aus dem führenden 808 045 + 806 310 + 808 041 und den Köpfen 410 101 + 410 102 des ICE-S fährt am 19. April 1999 durch Hannover-Limmer.
Foto: Christian Stolze

der in den Luftfederbälgen zur Verfügung. Zwei Zusatzluftbehälter sorgen für die nötige Stützung des Wagenkastens. Ein Drehzapfen in der Mitte des Drehgestells sorgt für die Längsmitnahme des Wagenkastens. Für die Schlingerdämpfung wurden zwei Dämpfer am Drehgestellrahmen und am Wagenkastenlangträger angebracht. Aber auch die Querfederung erfordert eine Komponente, nämlich einen am Drehzapfen angeformten Arm sowie zwei beidseitig angeordnete Gummifedern. Für die Bremsung sind vier Wellenbremsscheiben aus Kugelgrafitguss am Radsatz angebracht. Durch den Einbau von Leichtbau-Magnetschienenbremsen wurde eine deutliche Gewichtsersparnis erzeugt.

Das Bremssystem

Das Bremssystem ist dem des ICE 1 gleich. Es wurde lediglich nur noch ein Drehgestell pro Mittelwagen mit einer Magnetschienenbremse ausgestattet, aufgrund des geringeren Gewichts der Mittelwagen. Diese wurden im Gegensatz zum ICE 1 um einige Tonnen leichter.

Die elektrische Ausrüstung

Traktionsausrüstung

Auch das Nachfolgemodell des ICE 1 besitzt die Drehstrom-Asynchrontechnik mit elektrischer Netzbremse. Der Vorteil dieser Technik ist die gute Energierückgewinnung, die sich besonders bei der Klimatisierung, Beleuchtung und anderen Systemen einsetzen lässt.

Ferner besitzt jeder ICE-Triebkopf einen 106 kg schweren Halbscherenstromabnehmer (DSA 350 SEK). Er ist für Fahrgeschwindigkeiten bis zu 300 km/h ausgelegt. Der Stromabnehmer überträgt 1.000 A bei Geschwindigkeiten über 100 Stundenkilometern und 800 A bei Geschwindigkeiten unter 100 km/h.

Als Hauptschalter im Triebkopf kommt ein Vakuumleistungsschalter (15 kV) zum Einsatz. Dieser Innenraumleistungsschalter ist für das 16 2/3-Hz-Bahnstromnetz ausgelegt. Ein Hochspannungsnetzfilter sorgt für die Einhaltung der netzseitigen Bedingungen. Dieser Filter besteht aus einer Netzfilterdrossel, einem Netzfilterkondensator und einem Netzfilterwiderstand. Die Netzdrossel weist eine Nenninduktivität von 12 mH bei 1 KHz auf. Die Nennkapazität des Kondensators beträgt 7,4 μF.

TECHNISCHE DATEN

ICE 2 Mittelwagen	
Länge über Kupplung: 26.400 mm	
Breite: 3.020 mm	
Höhe: 3.856 mm	
Achsfolge: 2'2'	
Laufraddurchmesser neu: 920 mm	
Laufraddurchmesser abgenutzt: 860 mm	
Sitzplätze Wagen:	
Apm 805.0:	52
Apm 805.3:	53
Bpm 806.0:	63
Bpm 806.3/6:	4
Bpm 802.9:	74
Bpmf 808.0:	54
WSm 807.0 (BordRestaurant):	23

Der Haupttransformator wird durch ein isolierendes Mineralöl mit 140°C Flammpunkt ölgekühlt. Das Gewicht des Transformators beträgt ganze zehn Tonnen, wobei sich bereits 2,1 Tonnen auf die Ölfüllung belaufen. Wie bereits bei einigen ICE-Triebköpfen der ersten Baureihe wurden auch beim ICE 2 die siedegekühlten Stromrichter in der GTO-Version gut zugänglich eingebaut. Neu jedoch ist das FCKW-freie Kühlmittel FC 72. Ebenfalls findet man einen Eingangsstromrichter im Triebkopf des ICE 2. Dieser Stromrichter wandelt die einphasige Eingangsspannung in eine Gleichspannung um. Durch die versetzte Taktung der vier Vierquadrantensteller (pro Triebkopf) wird ein sehr geringer Oberschwingungsgehalt erreicht, wobei die Taktfrequenz 183,3 Hz beträgt. Diese Vierquadrantensteller sorgen für eine phasenrichtige Rückspeisung der Bremsenergie ins Fahrleitungsnetz.
Für jeweils zwei Fahrmotoren eines Drehgestells ist ein Pulswechselrichter zugeordnet. Dieser Pulswechselrichter erzeugen ein Drehspannungssystem mit variabler Spannung und Frequenz (max. 224 Hz).
Die jeweils fast 2.000 kg schweren Fahrmotoren der Firma Siemens, Bauart BAZU 7096/4, sind fremdbelüftet und gleichen denen des ICE 1. Sie haben einen Durchmesser von ca. 79 cm und weisen eine Länge von einem Meter auf. Alle ölgeschmierten Lager sind weitgehend öldicht durch O-Ringe bzw. Labyrithdichtungen ausgeführt.

Diese Aufnahme ist heute historisch, denn an dieser Stelle bei Haspelmoor ist die Strecke inzwischen viergleisig ausgebaut. Im Oktober 2007 befuhr der ICE die vielbefahrene Strecke München–Augsburg noch im zweigleisigen Zustand.
Foto: Claudia Franke

Hilfsbetriebe und Triebkopfbordnetz

Drei jeweils 610 kg schwere Hilfsbetriebe-Umrichter (HBU) sorgen für die Versorgung der Traktions-Hilfsbetriebe, Lüfter und Ölpumpen. Die Leistung dieser Umrichter beträgt ganze 120 kVA Leistung. Die HBUs mit GTO-Wechselrichter werden vom Haupttransformator versorgt.
Die Verteilung der drei HBUs ist wie folgt geregelt:
HBU 1 und HBU 2 sind den Hilfsbetrieben der Drehgestelle 1 und 2 zugeordnet. HBU 3 versorgt mit konstanter Spannung und Frequenz alle Verbraucher, die eine traktionsleistungsunabhängige Versorgung benötigen. So beispielsweise werden Ölpumpen, Saugkreislüfter, Batterieladegerät und Luftpressermotor mit insgesamt 61 kVA Anschlusswert versorgt. Andere Hilfsbetriebe des Triebkopfes (z. B. Fußbodenheizung oder Stirnfensterheizung) werden aus einer separaten 200-V-Wicklung des Transformators versorgt.
Bei einem ICE 2 ist nur – im Gegensatz zum ICE 1 – eine Zugsammelschiene erforderlich. Diese Zugsammelschiene (ZS) wird ebenfalls vom Haupttransformator von einem Triebkopf versorgt und hat eine Nennspannung von 1.000 V. Sollte der ICE einmal abgeschleppt werden, so kann die Zugsammelschiene durch eine besondere Einspeisemöglichkeit im Bugraum des Triebkopfes vom schleppenden Fahrzeug versorgt werden. Ferner besitzt der ICE eine durchgehende 110-V-Batteriesammelschiene, durch die im Störungsfall die Triebkopfsteuerung nicht beeinträchtigt wird. Zudem hat die Firma Hoppecke Batterien auch eine Bleibatterie in Blockkastenausführung (mit 110 Ah) in den Triebkopf eingebaut.
Der Systemaufbau der Bordenergieversorgung entspricht dem des ICE 1. Die benötigte Energie wird direkt im Wagen selbst umgewandelt. Die Zugsammelschiene speist in den Wagen 805 bis 807 ein Gleichspannungsnetz mit 650 V Nennspannung ein, diese Sammelschiene versorgt die Stromrichter, die wiederum die Wagenverbraucher versorgen. Eingangs- und Ausgangsstromrichter sind zu einem Energieversorgungsblock, EVB, zusammengefasst. Dieser Block wurde unterflur in einem 2,40 Meter langen Container eingebaut. Kommt es einmal zum Ausfall der Zugsammelschiene, so greift ein Notversorgungskonzept ein.

Die 1. Klasse präsentierte sich ursprünglich in einem knalligen Rosaton mit bordeauxfarbenen Kissen. Der Teppichboden war hauptsächlich dunkelblau gemustert. Die Sitze waren etwas schwerer und hatten auch Videobildschirme integriert. Über diese konnte das monatlich wechselnde Bordprogramm empfangen werden. Garderoben in der Mitte boten zusätzlichen Platz für Jacken und Mäntel.
Foto: Claudia Franke

DAS WAGENINNERE

Ausstattung und Redesign

Komfort und Ausstattung des ICE setzen Maßstäbe. Das gilt sowohl für die originale Einrichtung als auch für das Redesign, das aus den letzten Jahren stammt.

Der leichtere ICE 2 bietet einen Steuerwagen mit insgesamt 52 Sitzplätzen. Die 1. Klasse präsentiert sich noch in einem rosa-grauen Design. Die Sitzplätze können um bis zu 35 ° verstellt werden. Ferner verfügen alle Sitzplätze über ein Audiomodul und teilweise über Videobildschirme. Die 2. Klasse präsentiert sich in einem grau-grünen Design. Wie auch in der 1. Klasse gibt es Reihensitze sowie Vis-à-vis-Bereiche mit zwei, drei oder vier Sitzplätzen.

Die Sitze sind beim Redesign von einem anderen Hersteller und haben einen Lederbezug. An den Decken befinden sich nun FIS-Displays. Im hinteren Bereich zu erkennen ist eine durch Glas abgetrennte Sitzecke.
Foto: Claudia Franke

Das Redesign des ICE 2

Nach rund 14 Jahren im Einsatz haben die ICE-2-Züge rund je acht Millionen Kilometer zurückgelegt. Die geplante Lebensdauer ist somit erreicht. Die Deutsche Bahn prüfte, die Züge für weitere 15 Jahre Betriebseinsatz fit zu machen. Es standen verschiedene Projekte zur Auswahl.

Das Redesign begann im Oktober 2010 und dauerte bis August 2013. Es wurde im Werk Nürnberg durchgeführt und sicherte somit über 300 Arbeitsplätze. Das ICE-Werk in Berlin-Rummelsburg übernahm dabei die Vorarbeiten wie die komplette Entkernung und Bearbeitung des Holzfußbodens. Dieser wurde mit Spachtelmasse und PVC überzogen, damit der neue Teppich verlegt werden konnte. Diese zusätzliche Versiegelung des Unterbelags erlaubt eine noch bessere Reinigung des neuen Teppichs.

Nach Angaben der DB kostete das Projekt rund 100 Millionen Euro. Die 46 Triebköpfe, 45 Steuerwagen und über 260 Mittelwagen wurden runderneuert. Etwa 45 Millionen Euro wurden für Ersatzteile und Ausstattung berechnet. Mitte Mai 2009 schrieb die Bahn außerdem die Beschaffung von über 17.000 Sitzen (jeder mit Steckdose) sowie 1.600 Tischen und Restaurantsitzen für alle Bordrestaurants aus. Den Zuschlag für die neuen Sitze erhielt die Firma Fainsa.

Die 2. Klasse unterscheidet sich nun auch farblich. Der Grünton (oben) ist gewichen, und insgesamt wirkt der Fahrgastraum nun hell, weiß und klar strukturiert.

Fotos: Claudia Franke

Als Musterzug befand sich seit Oktober 2010 Triebzug 232 „Frankfurt (Oder)“ im Redesign. Er wurde Mitte Januar 2011 fertiggestellt und der Presse präsentiert. Danach beginnt die durchgehende Fertigung Redesign ICE 2, wobei immer drei Triebzüge gleichzeitig abgestellt werden.

Die wesentlichen Änderungen beim ICE-2-Redesign sind:

- Neue Sitze mit Steckdosen und Haltegriffen (neu von der Firma Fainsa statt Grammer) und Tischen sowie neuer Teppich mit Laufstraßen und ein zusätzlicher Rollstuhlplatz im Wagen 24/34. Erhöhung der Sitzplatzanzahl um 13 Sitze pro Zug auf 381 Plätze
- Neu gestaltetes Bistro mit Rollstuhlstellplatz und ein modernisiertes Restaurant. Im Bistro gibt es nun auch Sitzmöglichkeiten, u. a. mit einem unterfahrbaren Tisch für Rollstuhlfahrer. Auch die Galleyausstattung mit E-Geräten wie Steamer und Kaffeemaschine wurde modernisiert

- Erstmaliger Einbau von FIS-Deckengondeln in einem Fernverkehrsfahrzeug der DB AG. Dort werden verschiedene Informationen angezeigt. Dazu gehören Laufwegsinformation mit Positionsaussage, Fahrtverlauf und Anschlüsse, Sondermeldungen bei Unregelmäßigkeiten, Werbung für verschiedene DB-Produkte, Geschwindigkeitsanzeige und die klassische FIS-Information mit Zuglauf, Zugnummer, nächster Station und neu mit zugehörigen Bildern.

Auch die Technik wurde optimiert. Dazu gehörten unter anderem die Verbesserung der WC-Anlagen, Aufarbeitung von Übergängen und Innentüren mit Einbau von LED-Spots in den Übergängen. Die Führerstände erhielten zudem eine Aufarbeitung sowie neue Lokführersitze. Die Züge wurden komplett neu lackiert, und die Luftfedern wurden ersetzt. Der gesamte Zug wurde auch für mobilitätseingeschränkte Personen optimiert. Dazu zählen neben dem zusätzlichen Rollstuhlstellplatz auch sogenannte taktile Piktogramme, Sitzplatznummern oder die Kanten der Teppichlaufstraßen. Die beiden Rollstuhlstellplätze wurden mit Hubtischen und Serviceruf ausgestattet.

Es wurde ein Pausenraum für Zugbegleiter und Galleypersonal eingebaut. Der Steuerwagen 808 001 „Rheinsberg" wurde bereits zu Demonstrationszwecken umgebaut, erhielt aber das richtige Redesign im Rahmen des Programms. Er erhielt neue Sitze, den grau-gestreiften Teppich. Die Wandverkleidungen und Tische wurden mit Holzdekor-Folie überklebt. Das WC wurde ausgebaut, dort befindet sich nun ein Pausenraum für das Zugpersonal. Ab 2032 (Stand September 2014) sollen die ICE-2-Züge durch ICx-Triebzüge ersetzt werden – mit Mitsubishi-Stromabnehmern.

Links ist das bunt gestaltete Bordbistro vor dem Redesign zu sehen. Hier gab es auch kleine Bildschirme in der Wand, die kurze ICE-Filme zeigten. Das Restaurant war ebenso in Rosa-Grau-Tönen gehalten und hatte auch eine richtige Bestuhlung. Nach dem Redesign ist das Farbkonzept gewichen und wurde den anderen ICE-Baureihen angepasst. Das Design mit rot bezogenen Sitzbänken fand sowohl im Bistro als auch im Restaurant Anwendung.

Das Mutter-Kind-Abteil mit Kletterecke (oben) wurde komplett ausgebaut. Hier wurden stattdessen (oben links) zwei 4er-Vis-à-vis-Gruppen mit Tisch eingebaut.

Fotos: Claudia Franke

1998 bildeten umlackierte ICE-Triebköpfe und doppelstöckige Mittelwagen des französischen TGV Duplex den „Eurotrain", der Demonstrationsfahrten absolvierte, jedoch für ein Hochgeschwindigkeitsprojekt in Thailand nicht zum Zuge kam. Foto: C. Müller

EINSÄTZE

Eurotrain und ICE S

Versuchsfahrten für den Eurotrain und Technologieträger für den neuen ICE 3 wurden auf der Grundlage des ICE 2 unternommen.

Zur Erprobung des ICE 3 dienten zwei unterschiedliche Erprobungsträger. Einerseits ist dies der ICE D, bestehend aus einem ICE 2-Triebkopf und einem Mittelwagen mit vier angetriebenen Achsen. Diese Einheit wurde in einen normalen ICE 1-Verband eingegliedert und im regulären Fahrgastbetrieb einer Dauererprobung unterzogen. Beim ICE D wurde das Triebdrehgestell 2 abgestellt.

Der ICE S (Baureihe 410)

Der zweite Erprobungsträger ist der ICE S (Baureihenbezeichnung 410), der der Absicherung der Höchstgeschwindigkeit des ICE 3 diente. Er besteht in symmetrischer Anordnung aus den beiden Triebköpfen ICE S-TK, zwei angetriebenen Mittelwagen mit Stromrichtern und einem nichtangetrieben Mittelwagen mit Transformator. Der ICE S ist für Höchstgeschwindigkeiten bis zu 400 km/h ausgelegt und verfügt über eine Gesamtleistung von rund 13.600 kW. Diese enorm hohe Leistungsfähigkeit verleiht dem ICE S besonders hohe Beschleunigungswerte, um auch auf kurzen Messstrecken die entsprechende Testgeschwindigkeit rasch erreichen zu können.

Die Zusammenstellung des ICE S sah eine Zeit lang wie folgt aus: Triebkopf 410 101-0, Mittelwagen 1 410 201-8 (VIP-Wagen), Mittelwagen 410 801-5 (Messwagen), Mittelwagen 2 410 202-6, Triebkopf 410 102-8. Mittlerweile verkehrt der ICE-S mit den Triebköpfen 410 101 und 410 102 sowie dem Mittelwagen 810 101-6 (vormals 410 201-8). Stationiert ist der Zug seither beim FTZ München.

Nachdem die Komponenten für den ICE 3 ausreichend erprobt und der 403 in Betrieb genommen wurde, erfolgte die vorläufige Abstellung des ICE S. Die Mittelwagen mit den auffälligen Sinus-Kurven wurden an die Hersteller zurückgegeben. Die Triebköpfe verblieben im FTZ München. Später wurde der Zug umgerüstet und wieder in Betrieb gesetzt.

TECHNISCHE DATEN

ICE S	
Spurweite: 1.435 mm	
Zuglänge: 120 m (ursprünglich)	
Dienstmasse: 325 t	
Höchstgeschwindigkeit: 400 km/h	
Lieferjahr: 1997	
Gesamte Motorleistung (2 x 410.1 + 2 x 410.2): 13.600 kW	
Triebköpfe 410 101/102	
Länge ü. Kupplung: 20,56 m	
Fahrzeugbegrenzung: UIC 505-1	
Größte Breite: 3.070 mm	
Größte Höhe: 4.215 mm	
Raddurchmesser neu/abgenutzt: 1.040/950 mm	
Dienstmasse: 78.000 kg	
Mechan. Teil: 38.000 kg	
Elektr. Ausrüstung: 40.000 kg	
Antriebssystem: GTO-Stromrichter, Drehstrom-Asynchron	
Motorleistung: 4.800 kW	

Im ICE-S werden nach wie vor neue Technologien für den Hochgeschwindigkeitsverkehr getestet und zugelassen. Weiterhin wird der Zug regelmäßig für Abnahme- und Inspektionsfahrten auf Schnellfahrstrecken eingesetzt. Dabei werden auch Stromabnehmer und Oberleitungslage überprüft. Dafür wurde eine Kamera inklusive Beleuchtung auf dem Dach angebracht. Die gemessenen Daten werden im Mittelwagen ausgegeben. Dafür stehen Arbeitsplätze für Mess- und Versuchsleiter ebenso zur Verfügung wie für die Fahrwegprüfung und das Zusammenwirken von Oberleitung und Stromabnehmer.

Einsatz für den Eurotrain

1998 wurden die beiden Triebköpfe 402 042 und 402 046 umlackiert und mit Doppelstockwagen des TGV verbunden. Es blieb aber bei einzelnen Demofahrten.

Hier ist der ICE S noch in der ursprünglichen ICE-Lackierung am 31. August 2006 kurz hinter Augsburg zu sehen. In dieser Konfiguration ist er auch heute noch häufig in Deutschland anzutreffen.
Foto: Claudia Franke

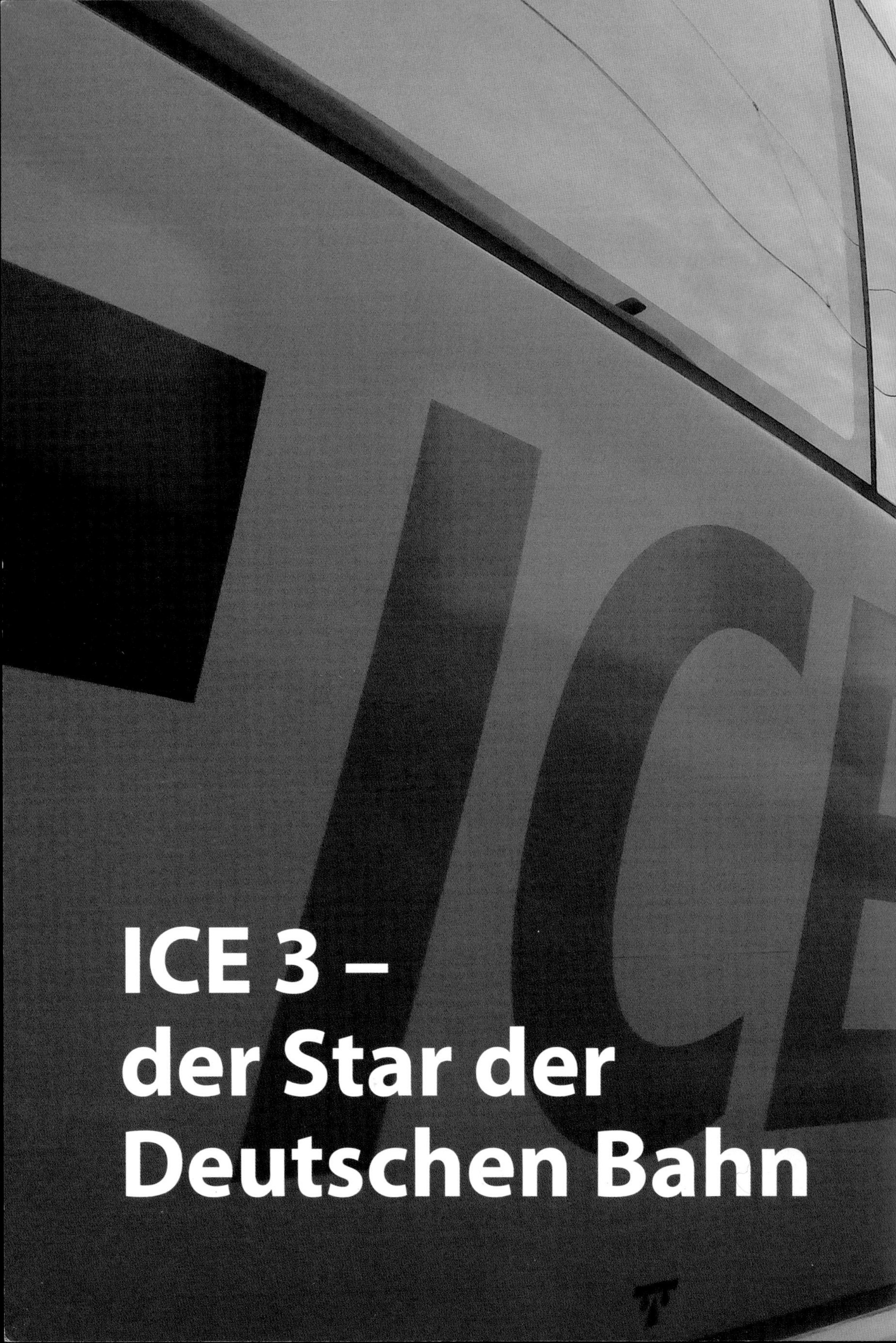

ICE 3 – der Star der Deutschen Bahn

Ein neuer Tag beginnt, der ICE 3 ist vorbereitet und kann seine Fahrt quer durch Deutschland antreten! Dabei wird er problemlos 1.600 km zurücklegen.

Foto: Claudia Franke

Auch wenn er schon seit 2000 auf den deutschen Schienen unterwegs ist: Er ist immer noch der Star der Deutschen Bahn. Sein schnittiges Design begeistert noch immer Groß und Klein. Hier vor Augsburg im März 2007.
Foto: Claudia Franke

EIN HÖHEPUNKT BEI DER DEUTSCHEN BAHN

Konzept und Bau des ICE 3

Mit dem ICE 3 stieß die DB in neue Dimensionen vor – sowohl im technischen Bereich als auch, was das Design des neuen Flaggschiffs betrifft.

Das Konzept des ICE 3 entspricht nahezu dem des ICE 2 – mit einer Halbzugkonfiguration. Ein kompletter ICE 3 besteht aus acht fest miteinander verbundenen Wagen. Die Trennung kann nur in den Werkstätten erfolgen. Der wesentliche Unterschied zwischen ICE 2 und ICE 3 besteht im Antrieb. Beim ICE 2 sind die Triebköpfe angetrieben, die Wagen sind antriebslos. Beim ICE 3 ist der Antrieb über den ganzen Zug verteilt. Zwei Halbzüge können im laufenden Betrieb schnell zu einem Zug zusammengekuppelt werden.

Die beiden Konzepte des ICE 3

Die Baureihe 403 ist als Einsystem-Ausführung für 15 kV 16 2/3 Hz vorgesehen, die Baureihe 406 dagegen als Mehrsystem-Ausführung (Viersystem) auch für ausländische Netze: 15 kV 16 2/3 Hz (Deutschland), 25 kV 50 Hz (Frankreich), 3 kV DC (Belgien), 1,5 kV DC (Frankreich und Niederlande). Ursprünglich war eine Dreisystem-Ausführung für den Verkehr innerhalb Deutschlands sowie nach Frankreich und den Niederlanden als Baureihe 405 geplant, man nahm allerdings sehr schnell wieder Abstand von dieser Idee. Die Baureihen 403 und 406 lassen sich äußerlich durch die Anordnung der Stromabnehmer sowie der Traktionskomponenten unterscheiden.

Für Entwicklung und Bau der ICE 3 wurde die „Arbeitsgemeinschaft ICE 3 Siemens/Adtranz“ gebildet, die nun unter „Arbeitsgemeinschaft (ARGE) ICE Siemens/Adtranz“ firmiert. Siemens tritt hierbei als Kon-

TECHNISCHE DATEN

ICE 3 Gesamtzug
Fahrzeugbegrenzung: UIC 505
Zusammenstellung: 2 Endwagen, 6 Mittelwagen
Maximal erreichte Geschwindigkeit: 368 km/h
Betriebliche Höchstgeschwindigkeit: 300 km/h
Baujahre: seit 1997
Spurweite: 1.435 mm
Zugleitsysteme: LZB 80, Indusi PZB 90, SiFa
Zuggewicht leer: 409 t

sortialführer auf. Siemens und Adtranz übernahmen den elektrischen Teil des Zuges, Siemens-Duewag und Adtranz die Wagenkästen. Außerdem beteiligten sich Bombardier in Görlitz und Ammendorf sowie ALSTOM LHB an der Herstellung der Wagenkästen.
Am 5. Dezember 1995 wurden dem DB-Vorstand sowie den verschiedenen Personalräten zwei (ICE 3, ICE T) begehbare 1:1-Modelle (Mock-up's) vorgestellt. Anhand dieser Modelle konnten noch einige Detailausbesserungen eingebracht werden. Bereits im Dezember 1997 konnten erste Druck- und Belastungsversuche des FTZ an einem Endwagen-Rohbau durchgeführt werden. Ende 1998 wurde der erste komplette ICE-3-Triebzug im Prüfcenter Wildberg-Wildenrath zusammengestellt und erprobt. Seit der Expo 2000 fahren die ICE-3-Garnituren.

Neuerungen gegenüber den alten Baureihen

Eine absolute Innovation bei Schienenfahrzeugen ist die Klimaanlage, die als reine Kaltluftanlage ohne Kältemittel aufgebaut wurde. Jedoch traten einige Probleme auf. Bei Temperaturen über 32 °C erwiesen sich die Wärmetauscher als zu schwach. Die Kühlwirkung zwar zudem fahrtrichtungsabhängig. Diese Mängel wurden mit der Zeit ausgebessert. Ab 2004 erhielt der ICE 3 Dachaufsätze, die die Luftführung verbesserten. Bei der zweiten Bauserie wurden diese Änderung übernommen, aber in einem schlankeren Design.
Weiterhin wurde die Wirbelstrombremse in einen Serienzug eingebaut, weil der ICE 3 vorrangig auf der SFS Köln–Rhein/Main verkehrt. Dort gibt es starke Gefälle, was eine starke und haftwertunabhängige Bremse erfordert. Die Baukosten der SFS konnten übrigens durch den Einbau der Wirbelstrombremse im ICE 3 um einen dreistelligen Millionenbetrag gesenkt werden.
Die Leittechnik des ICE 3 wurde gegenüber den Vorserien-ICEs auch überarbeitet. Es gibt eine einheitliche Bus- und Datenstruktur nach der TCN-Norm mit Zugbus WTB und Fahrzeugbus MVB. Die Verfügbarkeit ist durch voll redundante Busstrukturen erhöht. Weiterhin gibt es ein-

Der Designer Alexander Neumeister setzte sich bei der Ausschreibung um den Gestaltungsauftrag unter anderem gegen die Designerlegende Pininfarina durch. Er hatte bereits die Form des ICE V entwickelt. Die spitz zulaufenden Endwagen sind das Markenzeichen des ICE 3 geworden. Hier ist einer der Züge im April 2007 bei Augsburg-Hochzoll unterwegs.

Foto: Claudia Franke

Der Führerstand der Baureihe 406 mit ETCS-Display. Hierüber werden alle für die Zugbeeinflussungssysteme benötigten Daten eingegeben. Ein zweites Display dient als Rückfallebene. Dazu kommen zwei MTD.
Foto: Bernd Bartsch

Der Führerstand der Baureihe 403 wurde in den 90er-Jahren konzipiert und gestaltet. Die Erfahrungswerte aus den bisherigen Betriebsjahren mit dem 403 wurden beim 407 in verbesserte Gestaltungen und aktualisierte Technik umgesetzt.
Foto: Claudia Franke

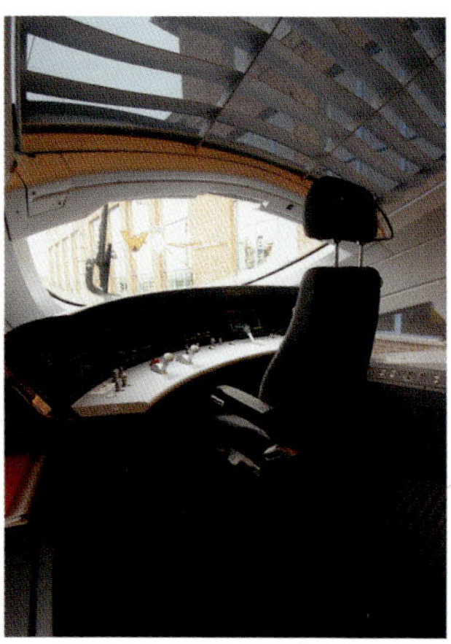

heitliche und herstellerunabhängige Schnittstellen für alle Geräte, die in der Leittechnik der europäischen Bahnen eingesetzt werden. Es gibt außerdem zwei redundant ausgeführte zentrale Zugsteuergeräte (ZSG). Durch diese Änderungen konnte man sogar eine Gewichtseinsparung gegenüber dem ICE 2 von zwei Tonnen erreichen.

Der Führerstand und die Zugbeeinflussungssysteme im ICE 3

Eine Neuerung beim ICE 3 ist der Führerstand in den Endwagen 403 0xx/403 5xx. Hinter dem Führerstand befindet sich eine Lounge, in der Fahrgäste der 1. und 2. Wagenklasse direkt hinter dem Lokführer sitzen können. Der Führerstand ist durch eine Glasscheibe von dieser abgetrennt. Die Glasscheibe selbst kann mit einem Drucktaster umgeschaltet werden zwischen durchsichtig und undurchsichtig („milchig"). Dies ist beispielsweise nötig bei einem Personenunfall oder wenn der Lokführer den Wunsch hat, unbeobachtet zu bleiben. Die Funktionsweise dieser Scheibe lässt sich recht einfach erklären. In der Scheibe sind Flüssigkeitskristalle vorhanden. In einem elektrischen Feld richten sie sich in eine Vorzugsrichtung aus und sind somit nahezu undurchsichtig. Liegt kein elektrisches Feld an, so richten sich die Kristalle nicht mehr aus, die Scheibe wird milchig. Dies ist auch der Fall, wenn der Hauptschalter ausgeschaltet wird.
Der Führerstand ist durch die aerodynamische Kopfform des ICE 3 entsprechend spitz geformt und etwas niedrig. Eine große rundlich und sphärisch geformte Frontscheibe mit Teilung verleiht dem Zug ein futuristisches Aussehen. Allerdings war die obere große Frontscheibe anfangs ein Problem, bei großer Sonneneinstrahlung wurde es im Führerstand schnell sehr warm. Eine lamellenartige Verkleidung wurde nachträglich eingebaut.
Im Gegensatz zum ICE 1 und 2 befindet sich der Führerstandstisch mittig vom Führerstand mit einem Sitz für den Lokführer. Der Beimann-Klappsitz befindet sich links in der Ecke. Die Schalttafeln, die noch im ICE 1/2 an der Führerstandsrückwand vorhanden waren, wurden beim ICE 3 in Schränken untergebracht. In der Lounge befindet sich rechts ein niedriger Schrank, in dem sich weitere Leitungsschutzschalter befinden. Dieser Schrank ist mit einem besonderen Schlüssel für das entsprechende Per-

sonal zugänglich. Im Führerstand selbst befinden sich die wichtigsten Geräte, Störschalter und LSS in niedrigen Schränken, die im Führerstand links und rechts vorhanden sind. Auf einer seitlichen Bedienleiste befinden sich weiterhin wichtige Taster, beispielsweise für Federspeicherbremse anlegen und lösen, Trittstufen nicht ausfahren, Notbeleuchtung, Drehschalter für die Führerstands-Klimaanlage, etc.
Der Führerstandstisch ist auch modern aufgebaut. Ganz links befindet sich das Funkgerät, gefolgt vom ersten MTD (maschinentechnisches Display), MFA, zweites MTD. Ein separates Ebula-Gerät wurde versuchsweise eingebaut, allerdings nicht weiter genutzt und wieder ausgebaut. Die wichtigsten Schalter fanden auch eine sinvolle Anordnung. So kann beispielsweise mit einem Druckknopf die vordere Bugklappe geöffnet und ausgefahren werden zum Kuppeln.

Die schnittige und aerodynamische Kopfform ist neu beim ICE 3. Durch das völlig neue Triebzugkonzept und wegen der hohen Geschwindigkeiten war diese neue Kopfform die am besten geeignete. Sie brachte aber auch einigen Aufwand mit sich, so musste die Gestaltung der Bugkupplung teleskopierbar entwickelt werden. Im Januar 2007 steht Triebzug „Siegburg" abfahrbereit nach München im Augsburger Hauptbahnhof bereit.

Foto: Claudia Franke

Zugbeeinflussungssysteme

Die Baureihe 403 verfügt über Systeme für den Einsatz auf deutschen Strecken. Die Baureihe 406 ist aufgrund des grenzüberschreitenden Verkehrs mit einer Reihe von zusätzlichen Systemen für die Bahnsysteme der NS, SBB und SNCF ausgerüstet. Für das zukünftige ETCS sind die Züge beider Baureihen vorbereitet, einige Triebzüge der Baureihe 406 haben schon ETCS-Displays. Alle Systeme haben Zugriff auf die Schnellbremsschleife SBS des Zuges. Die LZB/PZB hat zudem Zugriff auf die Bremswirkgruppe, welche direkt die HL des Zuges entlüften und somit eine Schnellbremsung einleiten kann.

Zugbeeinflussungssystem der DB AG

In den Baureihen 403 und 406 sind die Funktionen der PZB (punktförmige Zugbeeinflussung) und der LZB (linienförmige Zugbeeinflussung) eingebaut. Beide Funktionen werden von dem Gerät LZB 80/16 ausgeführt. Die PZB kommt zum Einsatz auf konventionellen PZB-Strecken

Die Kurzkupplung zwischen den Mittelwagen befindet sich unterhalb der Wellenbälge. Hier werden zudem HL- und HBL-Leitung miteinander verbunden. Elektrische Steuerleitungen werden separat über zahlreiche Kabelleitungen durch den Zug geführt.

Foto: Claudia Franke

oder beim Ausfall der LZB. Die dafür wichtigen PZB-Magnete sind seitlich in Fahrtrichtung rechts an den Enddrehgestellen befestigt.
Auf LZB-Strecken (ab 160 km/h) kommt dieses System zum Einsatz. Die LZB-Streckenzentrale errechnet aus den Daten von Strecke und Fahrzeug die erforderlichen Fahrbefehle und sendet diese als fahrzeugselektive Telegramme über einen in der Gleismitte verlegten Linienleiter an das Fahrzeug. Jeder Endwagen hat dazu an jedem Wagenende an beiden Drehgestellen je zwei Sende- und Empfangsantennen.

Zugbeeinflussungssystem der NS und SNCB

Für den Betrieb auf den Strecken in den Niederlanden und in Belgien ist die Baureihe 406 mit dem System ATBL ausgerüstet. Dieses System beinhalten die Systeme ATB (Niederlande) und TBL (Belgien). Die ATBL ist über die MVB mit der Leitebene verbunden. Die Umschaltung der Zugbeeinflussungssysteme erfolgt durch Transitionsbalisen, die im Gleis verlegt sind. Die Antennen für ATBL sind verteilt über die EW- und TW-Drehgestelle und sind zudem am Wagenkasten im Unterflurbereich angeordnet.

Zugbeeinflussungssystem der SBB

Die Baureihe 406 besitzt für den Einsatz in der Schweiz die beiden Systeme Integra Signum und ZUB 262. Das Zugsicherungssystem ZUB 121 ist im System ZUB 262 integriert. Das System ZUB 262 ist über den MVB an die Leitebene gekoppelt. Mit diesem System wird die Umschaltfunktion zwischen DB und SBB überwacht. Zudem wird die Funktion der Eurobalisen und von ZUB 121 überwacht. Die Antennen für das SBB-System sind an den Enddrehgestellen angebracht.

Kupplung und Übergänge beim ICE 3

Die Endwagen des ICE 3 besitzen Scharfenbergkupplungen (Schaku). Diese Kupplungen ermöglichen ein selbsttätiges mechanisches Kuppeln. Dabei fährt ein Triebzug mit einer Geschwindigkeit zwischen 0,6 und 2 km/h auf den stehenden Triebzug auf. Sofort werden alle elektrischen Busleitungen sowie Hauptluft- und Hauptluftbehälterleitungen verbunden. Die Kupplung ist elektrisch beheizbar, um auch im Winter einen störungsfreien Betrieb zu ermöglichen.
Beim Kupplungsvorgang wird der Kupplungskopf etwa 20 cm durch eine pneumatische Steuerung nach vorne gefahren. Der Entkupplungsvorgang kann vom Führerstand aus getätigt werden und erfolgt elektropneumatisch. Bei einer Geschwindigkeit über 30 km/h werden alle nicht gekuppelten Kupplungen automatisch eingefahren und die Bugklappen verschlossen. Im Notfall können die Bugklappen und die Kupplung per Hand bedient werden.
Die Mittelwagen sind mit Kurzkupplungen verbunden und können nur in den Werken getrennt werden. Die Kurzkupplungen besitzen Luftleitungskupplungen und verbinden die HL und die HBL. Die Strom-, Steuer- und Busleitungen werden nicht mehr über die Kurzkupplungen miteinander verbunden, sondern werden separat von Wagen zu Wagen geführt.

Übergänge

Der Übergang zwischen den Wagen erfolgt über einen nicht teilbaren Doppelwellenbalg und eine Gliederbrücke der Firma Hübner. Zwei Kupplungsrahmen verbinden Innen- und Außenwellenbalg. Zur besseren Schallisolierung sind die beiden Wellenbälge nach außen gerichtet. Die

TECHNISCHE DATEN

ICE 3 Endwagen
Länge über Kupplung: 25.835 mm
Breite: 2.950 mm
Höhe ohne Stromabnehmer: 3.890 mm
Achsfolge: Bo'Bo'
Achslast: 16 t
Elektrische Ausrüstung
Stromsystem: 15 kV 16 2/3 Hz
Stromabnehmer Hersteller: Adtranz
Stromabnehmer Typ: DSA 380
Fahrmotoren Bauart: Drehstrom-Asynchron
Fahrmotoren-Dauerleistung: 16 x 500 = 8.000 kW
Kosten je Zug: 19 Mio. €
Anzahl der Züge: 50

Die Bugkupplung im ausgefahrenen Zustand. Der Zug könnte so mit einem anderen 403 gekuppelt werden. Dabei werden HL- und HBL-Leitung sowie elektrische Kontakte automatisch verbunden. Im Störungsfall ist es auch möglich, die Bugklappen sowie die Bugkupplung mit der Hand zu bedienen.

Foto: Claudia Franke

Gliederbrücke ist am Wagenkasten verschraubt, die beiden vorderen Teile liegen lose sowohl am Wagenkasten als auch auf der Gliederbrücke auf. Diese Brücke gewährleistet einen ebenen Übergang zwischen Wagen und Gliederbrücke, auch bei Höhenbewegungen.

Kuppeln von 402 mit 403

Seit der Inbetriebnahme des ICE 2 erprobte die DB das Flügelkonzept. Nach anfänglichen Schwierigkeiten beim Kuppeln der Züge in Hamm weitete man das Konzept aus. Die Bahn ließ dabei auch durch die Industrie prüfen, ob man ICE 2 mit ICE 3 kuppeln kann. Zwar besaßen beide Züge eine Scharfenbergkupplung. Man hätte beide Züge mechanisch kuppeln können, ebenso wie die HL und HBL. Jedoch war die Leittechnik beider Züge dermaßen unterschiedlich, dass man sich etwas einfallen lassen musste. Die Industrie kam auf die Idee, eine Art „Umsetzer" in den ICE 2 einzubauen. Jedoch hätte dies rund 1 Million DM je Zug gekostet. Außerdem ist der ICE 2 nicht für den Einsatz auf der SFS Köln–Rhein/Main ausgelegt, sodass man von dieser Idee wieder abgekommen ist.

Stromabnehmer

Auf dem ICE 3 kommt der Stromabnehmer des Typs DSA 380 zur Verwendung. Dies ist eine Weiterentwicklung des auf den ICE 1 und 2 erprobten Stromabnehmers DSA 350 SEK. Beim Mehrsystem-ICE Baureihe 406 sind weitere Stromabnehmer verbaut: DSA 380 G für das Gleichstromnetz in Belgien und Niederlanden. Sowie der DSA 380 F für das 25-kV-Netz in Frankreich und auf belgischen Neubaustrecken.
Alle Stromabnehmer sind mit einer automatischen Stromabnehmersenkeinrichtung ausgestattet. Bei einem Schleifleistenbruch entweicht Luft aus einem Kanal in der Schleifleiste und senkt somit die Stromabnehmer.

Elektronik

Die Leittechnik und das Diagnosesystem

Die Leittechnik übernimmt alle Steuer-, Überwachungs- und Diagnosefunktionen im Zug bzw. Zugverband. Das TCN (Train Communication Network) des ICE 3 besteht aus einem Fahrzeugbus MVB und dem Zug-

403 054 trägt eine Vollwerbung für die FIFA-WM der Damen 2011, am 17. September 2011 hält er hier in Solingen Hbf.
Foto: Christian Stolze

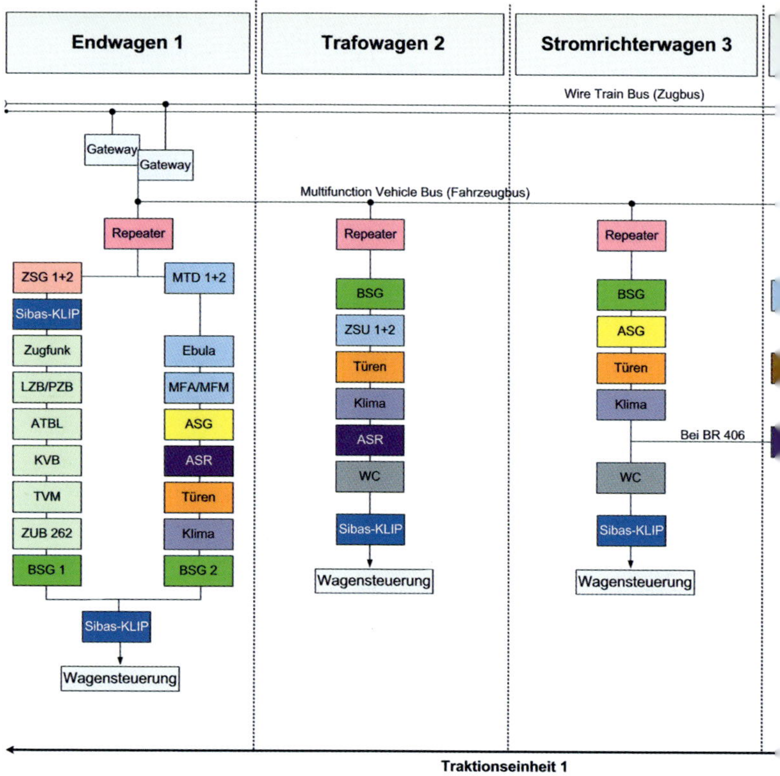

bus WTB. MVB steht für Multi Vehicle Bus und WTB für Wire Train Bus. Das System SIBAS 32 dient zur Steuerung aller wesentlichen Fahrzeugfunktionen. Das System ist leistungsstark durch ein Mikrocomputer-gesteuertes Mehrrechnersystem mit hoher Verarbeitungsgeschwindigkeit. Die Leitebene setzt sich zusammen aus:

- zentralen Steuergeräten (ZSG)
- Bremssteuergeräten (BSG)
- Batterieladeeinheit (BLE)
- der modularen Führerraumanzeige (MFA; Baureihe 406: modulares Führerraum-Anzeigegerät Mehrsystem MFM)
- TF-PCs mit Displays
- Zugfunk
- Antriebssteuergeräten (ASG)
- Zugsammelschienen-Umrichter (ZSU)
- sowie den dezentralen Ein- und Ausgaben (SIBAS-KLIP).

Die Kommunikation dieser Komponenten innerhalb einer Traktionseinheit erfolgt über den MVB. Über Repeater wird die Verbindung von Wagen zu Wagen zum nächsten MVB hergestellt. In den Endwagen ist der MVB über das ZSG mit dem Zugbus WTB verknüpft. Das WTB verbindet alle Traktionseinheiten und Endwagen.

Zentrales Steuergerät (ZSG)

In jedem Endwagen sind zwei ZSG-Geräte (Master und Slave) untergebracht. Das Master-ZSG in der geführten Traktionseinheit übernimmt die Fahrzeugsteuerung in der eigenen Einheit. Zudem führt es folgende Aufgaben aus:

- Hauptschalter- und Stromabnehmersteuerung
- Traktions-Sollwertvorgabe für das ASG

TECHNISCHE DATEN

ICE 3 Mittelwagen	
Länge über Kupplung: 24.775 mm	
Breite: 2.950 mm	
Höhe: 3.890 mm	
Achsfolge: 2'2' bzw. Bo'Bo'	
Laufraddurchmesser neu: 920 mm	
Laufraddurchmesser abgenutzt: 860 mm	
Sitzplätze Wagen:	
Apm 805.0:	52
Apm 805.3:	53
Bpm 806.0:	63
Bpm 806.3/6:	4
Bpm 802.9:	74
Bpmf 808.0:	52
WSm 807.0 (BordRestaurant):	23

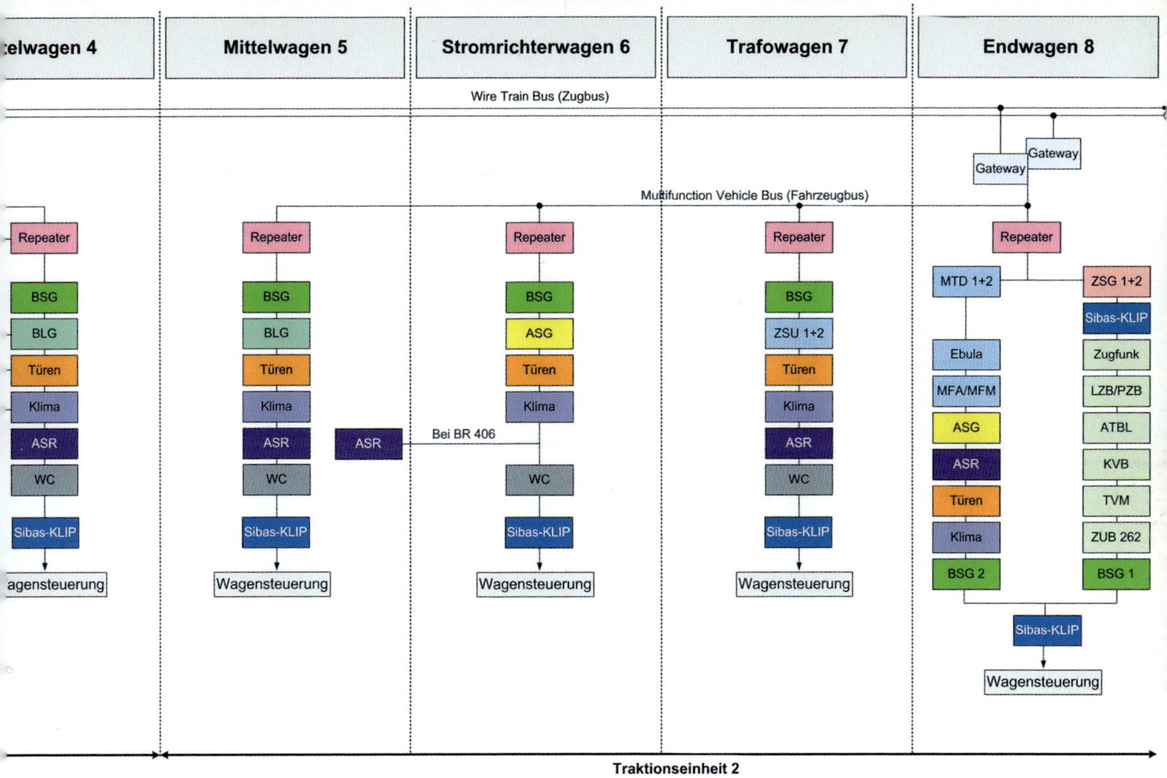

ASG	Antriebssteuergerät
ASR	Ausgangsstromrichter
ATBL	Zugbeeinflussungssystem Niederlande und Belgien
BLG	Batterieladegerät
BSG	Bremssteuergerät
FIS	Fahrgastinformationssystem
KVB	Zugbeeinflussungssystem in Frankreich/Großbritannien

MTD	Maschinentechnisches Display
MFA	Multifunktionale Führerraumanzeige
MFM	Multifunktionale Führerraumanzeige (BR 406)
TVM	Zugbeeinflussungssystem in Frankreich/Großbritannien
ZSG	Zentrales Steuergerät
ZSU	Zugsammelschienenumrichter
ZUB 262	Zugbeeinflussungssystem 262

Prinzipdarstellung der Leittechnik im 403/406. Sie übernimmt alle Steuerungs-, Überwachungs- und Diagnosefunktionen im Zug bzw. Zugverband. Die Leittechnik setzt sich dabei aus den verschiedenen Komponenten zusammen, die in der Skizze dargestellt sind. Besonders wichtig im Zug ist das ZSG sowie das System Sibas (Siemens Bahn Automatisierungs-System) 32 von Siemens. Ein MVB-Bus verbindet dabei alle Komponenten innerhalb der Traktionseinheit. Zugübergreifend und auch im gekuppelten Zustand kommunizieren alle Komponenten über den WTB-Bus.

Skizze: Claudia Franke

- Trafoschutz
- Störfrequenzüberwachung
- Bordnetz- und Hilfsbetriebesteuerung
- das intelligente Energiemanagement
- Befehlsvorgabe für die Subsysteme, also Türen, Klima und Luftpresser
- die Steuerung von dezentralen Ausgaben
- ZSG-Gerätediagnose
- MVB-Administrator
- Anbindung an den Zugbus
- und die Diagnose von Peripheriegeräten, die keine Diagnoseereignisse ausgeben.

Das Slave-ZSG in der führenden oder geführten Traktionseinheit übernimmt keine Aufgaben. Es dient nur dazu, im Falle einer Störung die Aufgaben des Master-ZSG zu übernehmen.

Zugmaster-ZSG

Das Zugmaster-ZSG befindet sich in der Traktionseinheit mit dem besetzten Führerraum. Es übernimmt neben den Aufgaben des Master-ZSG folgende Aufgaben der Zugsteuerung:

- Auswertung der Bedienelemente und Ansteuerung der Anzeigen im Führerpult
- Traktionssollwertvorgabe für den gesamten Zug

Im August 2008 ist dieses Zugpaar kurz hinter Mering zu sehen. Auf diesem Foto sieht man die Unterschiede zwischen 1. und 2. Bauserie anhand der Klimaanlagen-Dachaufbauten. Bei der 1. Bauserie sind diese wesentlich größer und wurden nachträglich eingebaut.
Foto: Claudia Franke

Blick in den Innenraum eines ICE-3-Endwagens im Rohbauzustand.
Foto: Siemens/Konsortium

- Automatische Fahr- und Bremssteuerung (AFB)
- Netzstrombegrenzung
- Die Ankopplung der Zugbeeinflussungssysteme an die Zugsteuerung
- Sifa-Funktionalität
- Zentrale Weg- und Geschwindigkeitserfassung (ZWG)
- Steuerung des Systemwechsels (nur bei Baureihe 406)
- Die Steuerung des Abstell- und Vorbereitungsdienstes
- Zugkonfigurationsermittlung.

Antriebssteuergerät (ASG)

Das ASG steuert die Drehstrom-Asynchronmotoren über stufenlose Sollwertvorgaben. Dabei verarbeitet es die vom ZSG über den MVB vorgegebenen Sollwerte, setzt diese in Ansteuersignale für die Leistungselektronik um und überwacht ihre ordnungsgemäße Funktion. Die Bedienung des Zuges ist nach der Betätigung des Fahrtrichtungsschalters immer nur über einen Führerstand möglich. In den anderen Führerständen ist dann eine gleichzeitige Bedienung nicht möglich.
Für alle für das Fahren und Bremsen notwendigen Funktionen sind im Zug konventionelle Bedienelemente vorhanden. Weitere Funktionen können über die beiden Displays im Führerstand aufgerufen werden. Bei Ausfall eines Displays ist eine Weiterfahrt jedoch grundsätzlich möglich. Über den Fahr- und Bremshebel mit Sollwertgeber lassen sich die Zug- und Bremskräfte stufenlos vorgeben. Je nach Beladung des Zuges ergeben sich daraus die resultierenden Beschleunigungen und Verzögerungen.

Bremssteuergerät (BSG)

Die Bremssteuergeräte sind in jedem Wagen, im Endwagen jedoch zwei Mal vorhanden. Sie führen je nach Zuordnung unterschiedliche Aufgaben durch. Dazu gehört auch die Steuerung und Diagnose von:

- Bremseinrichtungen im jeweiligen Wagen
- MVB-Segmentbremsmanagern in den Endwagen
- Zugbremsmanagern im führenden Endwagen.

Im Oktober 2007 legte ICE 225 einen kurzen Zwischenhalt in Köln Hbf ein. Er fährt weiter nach Frankfurt (M) Hbf und wird dort geteilt. Der Triebzug 4604 verbleibt dort, während der hintere gekuppelte Triebzug 304 „München" passenderweise auch München als Endziel hat. 403 und 406 sind problemlos kuppelbar und verkehren so oft im Umlauf bis Frankfurt (M) Hbf, wo sie dann geteilt werden. Ein 406 ist mittlerweile seltener Gast in München.
Foto: Claudia Franke

Diagnosesystem

Das Diagnosesystem soll Störungen lokalisieren und deren Auswirkungen feststellen. Hierzu führen alle Subsysteme im Zug mit eigener Diagnosefähigkeit für ihren Bereich eine vollständige Diagnose durch. Die Ergebnisse der Diagnose werden dann über den MVB (Multi Vehicle Bus) an die zentrale Diagnose gemeldet. Von hier aus werden die Daten in Meldungen und Informationen aufbereitet. Die Daten sind einsehbar für das Zugpersonal. Meldungen werden sortiert nach dem Aufgabenbereich unter Angabe von möglichen Abhilfemaßnahmen. Das Instandhaltungspersonal in den Werken erhält die Störungsmeldungen über die Daten-Fernübertragung. Zudem sind diese Meldungen an Service-Schnittstellen auslesbar. Ferner werden die Daten für statistische Auswertungen benötigt. Diese sind besonders wichtig, um mögliche Schäden in Zukunft zu vermeiden oder um das Instandhaltungskonzept zu optimieren. Ferner sind die Meldungen im Hinblick auf technische Weiterentwicklungen hilfreich.

Der Wagenkasten des ICE 3

Der Rohbau der Wagenkästen des ICE 3 entspricht fast denen des ICE 2. Ein wesentlicher Unterschied besteht allerdings, da beim ICE 3 die Antriebskomponenten unterhalb des Bodens angeordnet wurden. Für die Bleche wurde die vollschweißbare Legierung AlMg4,5Mn verwendet. Bei den Wagenkästen zeigt sich jedoch ein kleiner Unterschied. Die Endwagen haben eine aerodynamische Kopfform, und der Servicewagen (M 4) besitzt nur zwei Versorgungstüren in Fußbodenhöhe zum Be- und Entladen des Speisewagens.

Rohbau Mittelwagen

Die Bodenplatte setzt sich aus zwei Langträgern und sechs Bodenelementen, bestehend aus Strangpress-Hohlkammerprofilen, zusammen. An den Profilen der Bodenelemente sind C-förmige Schienen für den Fußboden und die Sitze bzw. zur Aufnahme von Rohrleitungen angebracht. Die Langträger besitzen an der Unterseite ebenfalls C-förmige stärkere Nuten

403 001 kommt am 19. August 2000 als Leerzug vom Expo-Bahnhof Hannover-Messe/Laatzen durch Hannover-Nordstadt.
Foto: Christian Stolze

für die Aufnahme von Drehgestell-Traversen, Traktionsaggregaten und von Dämpfern. An den Wagenenden wurde eine interessante Schweißkonstruktion angebracht, die für die Aufnahme von Kurzkupplungen und Einstiegen notwendig ist.

Fünf zusammengeschweißte Strangpress-Hohlkammerprofile bilden die Seitenwände. Das Dach besteht auch aus fünf zusammengeschweißten Strangpress-Hohlkammerprofilen. Die Profile außen sind mit einer kreisförmigen Kammer für die Aufnahme der 15 kV-Dachleitung versehen. Für die Aufnahme der Dachausrüstung und der Stromabnehmer wurden großflächige Absenkungen an den jeweiligen Wagen im Dach angebracht.

Nach dem Zusammenfügen von Dach und Seitenwand werden die Türöffnungen zur Seitenwand mit einem Aluminium-Pressteil als Türsäule abgeschlossen. Das um zehn Zentimeter zurückversetzte Stirnwandblech ist mit Befestigungslöchern für die Aufnahme des Doppelwellenbalges versehen. Die Bodenwannen, die für die unterflur angebrachten Geräte dienen, sind nicht tragend und sind lösbar an den C-förmigen Nuten der Langträger montiert. Alle Unterflurgeräte sind über Klappen zugänglich.

Fahrgastinformation im ICE 3. Diesen Einsatz gab es aber nur vor der Eröffnung der Neubaustrecke Rhein–Main.
Foto: Deutsche Bahn

Rohbau Endwagen

Die Bodenplatte des Endwagens entspricht weitgehend dem Boden der Mittelwagen. Der Unterschied besteht lediglich in der Stärke am Kopfstück. Hier wird unter anderem die Scharfenbergkupplung aufgenommen.

Da der Endwagen keine herkömmlichen Einstiege an den Wagenenden enthält, sondern nur sogenannte Dritteleinstiege direkt vor den vorderen Drehgestellen, wurde die Bodenplatte geschwächt. Deswegen wurde eine Überbrückungskonstruktion eingebaut, die die Festigkeit an dieser Stelle wiederherstellt. Das Kernstück des Endwagens bildet der fast sieben Meter lange aerodynamische Kopf. Seine Realisierung war eine schwere Aufgabe für alle beteiligten Personen. Dieser Kopf besitzt sphärisch gebogene Groß-Strangpressprofile, eine Konstruktion in Aluminium-Strangpressbauweise, die tragend mit dem Wagenkasten verbunden ist. Die sphärisch gebogenen Profile wurden vom DASA-Werk Nordenham hergestellt. Die

Schweißarbeiten wurden von Adtranz in Nürnberg übernommen. Eine wahre Meisterleistung wurde hier vollbracht.
Nach der Fertigstellung eines Rohbaukastens wurden diese mit Holzverschalungen abgedichtet und „aufgeblasen“, wodurch die Druckdichtigkeit überprüft wird. Die Kopfspitze besteht aus GFK. Diese Spitze lässt sich mithilfe von Stiftschrauben und selbst sichernden Muttern an der Frontplatte befestigen und ist jederzeit austauschbar, beispielsweise nach einem Unfall.

Lackierung
Das Farbkonzept der DB Fernverkehr AG fand natürlich auch beim ICE 3 Anwendung. Der Wagenkasten erhielt einen lichtgrauen Anstrich (RAL 7035), der verkehrsrote Streifen (RAL 3020) gibt dem ICE sein charakteristisches Design. Die Schürzen wurden basaltgrau (RAL 7012) abgesetzt.

Das Fahrgastinformationssystem im ICE 3

Das Fahrgastinformationssystem (FIS) entspricht dem Angebotsstandard des ICE 2. Mit Innen- und Außendisplays, der elektronischen Sitzplatzreservierung, Audiomodul, etc. Das FIS wird unterteilt in die Bereiche interne Kommunikation, öffentliche Kommunikation, Unterhaltungssysteme und Datenkommunikation.
Die interne Kommunikation dient der Verständigung innerhalb des Zugbegleitpersonals und des Personenrufs (Serviceruf). Diese Kommunikation ermöglicht es, Durchsagen von vier mobilen (sog. Cordless) und drei festen Sprechstellen (Nottelefone, 1 im Dienstabteil und je 1 in den Endwagen) aus zu tätigen. Die Cordless-Telefone fungieren zudem auch als Empfänger für den Personenruf. Der Service- und Notruf ist von allen Sitzgruppen in der 1. Klasse sowie von der behindertengerechten Toilette, vom Kleinkindabteil und von der Sitzgruppe für Rollstuhlfahrer aus möglich. Wird ein Notruf ausgelöst, so erscheint im Display des Telefons „Notruf Beh. WC“. Auch bei gezogener Notbremse wird ein Hinweis auf dem Display angezeigt, z. B. „Notbremse W21“. Außerdem blinkt im FIS-Display die Not-Statuslampe, und es ertönt ein Warnton. Der Lokführer kann über das Zugfunk-Gerät, welches über eine Schnittstelle zur Kommunikationszentrale verfügt, Durchsagen tätigen. Jedes Endgerät ist über den HITRAIN-Bus mit der Kommunikationszentrale verbunden.
Die öffentliche Kommunikation bestand aus einem Kartentelefon für das D-Netz (ausgebaut). Zudem standen ein Fax und ein Anrufbeantworter zur Verfügung (ebenso ausgebaut). Eingehende Faxe und Anrufe lösten einen Personenruf aus. Wurde ein Fax empfangen, so wurde es nach Bestätigung ausgedruckt. Auch für den besseren Handyempfang sind in jedem Wagen Repeater verbaut. Für die Unterhaltung sorgt das Audioprogrammmodul. Das Audiomodul ist an jedem Sitzplatz (1. Bauserie) vorhanden. Die Unterhaltungszentrale ist im Zub-Abteil untergebracht. Diese Bedienstation ist mit dem MVB verbunden. Für die Übertragung der Audio- und Videosignale im Zug ist ein Koaxialkabel mit doppelter Schirmung verlegt.
Der Bereich Datenkommunikation besteht aus mehreren Komponenten. Es dient vor allem der Fahrgastinformation. Im ersten Sinne erfolgt diese durch Durchsagen, die von jeder Sprechstelle aus möglich sind. Das System erlaubt selektive Durchsagen im Zug, in einem Zugteil, in einem Wagen oder in einer Wagenklasse. Ferner gibt es im ICE 3 mehrere optische Fahrgastinformationsanzeigen.
Außerhalb des Zuges sind im Fensterband vierzeilige Zuglaufschilder (LED) mit Zug- und Wagennummer, Laufweg, Start- und Zielbahnhof und einigen wichtigen Haltestellen. Diese werden ab einer Fahrgeschwin-

In Elektronikschränken an den Wagenenden sind verschiedene Rechner untergebracht. Hier zu sehen links der Wagenrechner für das Fahrgastinformationssystem und rechts die Klimaanlagen-Steuerung des Wagens.
Foto: Claudia Franke

Viele Triebzüge wurden bereits mit dem Railnet der Telekom ausgestattet. Dieses ermöglicht dem Fahrgast das Surfen über Hotspot. Mit Railnet ausgestattete Züge besitzen diese Logos.
Foto: Rainer Jensen/dpa/PA

Triebzug „Ingolstadt" verlässt im März 2007 den Schellenbergtunnel. Auf der Neubaustrecke von Nürnberg nach Ingolstadt kann der 403 die Höchstgeschwindigkeit von 300 km/h auch mal voll und ganz ausfahren. Für manche Fahrgäste noch immer ein Erlebnis.
Foto: Claudia Franke

digkeit von 60 km/h zur Erhaltung der Lebensdauer abgeschaltet. Im Einstiegsraum befinden sich neben der Türbedieneinheit LC-Displays. Hier werden Zugart, Zugnummer, Zugname, die jeweilige Wagenordnungsnummer, Laufweg mit Start- und Zielbahnhof und den wichtigsten Zwischenbahnhöfen, der nächste Haltebahnhof mit fahrplanmäßiger Ankunftszeit, die Ausstiegsseite, Uhrzeit und Geschwindigkeit angezeigt. In den Großräumen an den Kopfwänden sind 80 cm lange LED-Punktmatrix-Displays angebracht. Diese geben Auskunft über Zugart, Zugnummer, Zugname, Wagenordnungsnummer, Laufweg mit Start- und Zielbahnhof, die wichtigsten Zwischenbahnhöfe, den nächsten Haltebahnhof, die fahrplanmäßige Ankunftszeit und Ausstiegsseite, aktuelle Informationen (z. B. Geschwindigkeit und Uhrzeit) sowie allgemeine Informationen oder Werbung.

Über jedem Sitzplatz befindet sich eine elektronische Reservierungsanzeige, die 15 Minuten nach jedem Zughalt aktualisiert wird. Zu Beginn des ICE 3-Einsatzes gab es noch sogenannte RIA-Terminals mit Touchscreen und Drucker. Über diese konnte der Fahrgast Fahrplaninformationen erhalten. Leider wurde dieses System deaktiviert und ausgebaut.

In den Wagen 403 3xx/406 3xx waren vorbereitete Montagestellen für GPS-Antennen und SAT-Fernsehen. Das SAT-Fernsehen wurde allerdings nie eingebaut. Weiterhin waren Schnittstellen unter anderem für Funk-LZB vorhanden.

Railnet ist das drahtlose Internet der Deutschen Bahn, das in den ICE-3-Zügen seit 2005 erhältlich ist. Allerdings kostet es eine Gebühr.

Drehgestelle

Die Drehgestelle unterschieden sich in:
Triebdrehgestelle für EW 1 und EW 8
Triebdrehgestelle für SW 3 und SW 6
Laufdrehgestelle für TW 2, MW 4, MW 5 und TW 7

Die Drehgestelle im ICE 3

Aufgrund des Triebwagenzug-Konzepts und der erhöhten Geschwindigkeiten bis zu 330 km/h und der damit verbundenen höheren Anforderungen an den Fahrkomfort wurde die Drehgestellkonzeption weiter verfeinert. Bei der Entwicklung mussten deshalb die Punkte Höchstgeschwindigkeit bis zu 363 km/h, Schwingungsverhalten, Schallabkopplung sowie eine kostengünstigere und effektive Instandhaltung (Life Cycle Costs LCC) beachtet werden. Bei der Suche nach dem optimalen Drehgestell wurde zunächst das Laufdrehgestell SGP 400 von Siemens aus dem

ICE 2 und das Koppelrahmen-Drehgestell HLD-KL (Erprobung ICE V) zugrunde gelegt. Die Drehgestellentwicklung erfolgte letztendlich durch Siemens SGP und Adtranz in Zusammenarbeit mit der DB AG. Als Ergebnis entstand das weiterentwickelte Drehgestell SF 500 ICE 3. Die Entwicklung oblag Siemens GP, die Herstellung erfolgte in Granz und im Adtranz-Werk Siegen. Als Auftragslieferant beteiligt sich auch Bombardier Vetschau an der Herstellung.

Die Trieb- und Laufdrehgestelle sind weitgehend baugleich. Die Drehgestellrahmen sind als doppelter H-Rahmen in Form einer Schweiß-Verbundkonstruktion ausgeführt. Sie bestehen aus zwei steifen und stark durchgekröpften Langträgern. Diese Langträger sind durch eine Querverbindungskonstruktion, die wiederum aus zwei rohrförmigen Querträgern durch Querpufferkonsolen verbunden ist, verbunden. Sie sind aus Stahlblechen in Kastenform zusammengeschweißt. Im Bereich der Luftfederaufnahmen wurden Schottbleche eingeschweißt. Durch eine ausgewählte Kombination von Blechen, Schmiedeteilen, Gussteilen und Rohren konnte eine Gewichtsreduzierung erreicht werden.

Die Radsatzlenkung ist als Schwingenführung ausgeführt. Das Radsatzlager-Oberteil ist im Achslenker integriert. Durch diese Konstruktion können die Radsätze schnell ausgetauscht werden. Die Primärfederung besteht aus einer doppelten Schraubenfeder. Der parallele Primärdämpfer ist als Abhebesicherung ausgeführt. Der Radsatzabstand beträgt 2.500 mm. Die Radsätze sind in Zylinder-Rollenlagern gelagert. Sie sind unter anderem bestückt mit Wegimpulsgeber, Schutzerdkontakten, Gleitschutz- und Laufachsimpulsgeber. Die Sekundärfederung besteht aus zwei Luftfedern je Drehgestell. Als Notfedern wurden in den Luftfedern Gummikonusfedern integriert. Das Zusatzvolumen ist in einer am Wagenkasten befestigten Traverse untergebracht. Sie ist direkt mit den Luftfederbälgen verbunden. Die Luftfedersteuerung ist als Zweipunktsteuerung ausgeführt.

Ein Vertikaldämpfer kam nicht mehr zum Einsatz, eine Wankstütze genügt. Die Übertragung der Zug- und Bremskräfte auf den Wagenkasten erfolgt über einen Drehzapfen, der durch eine Montageplatte an der Traverse befestigt ist. Das Drehzapfenlager wird über Lemniskatenlenker an

Ansicht eines Triebdrehgestells. Sie sind an den Radscheibenbremsen sehr gut zu erkennen. Triebdrehgestelle besitzen keine Wirbelstrombremsen, da hier die Fahrmotoren angebracht sind. Weiterhin zu sehen die beiden parallel ausgeführten Schlingerdämpfer.

Foto: Claudia Franke

Zur Einführung der Hotspots im ICE verkehrte 2006 der Triebzug 311 „Wiesbaden“ mit dieser Beklebung. Es gibt davon ein Piko-Sondermodell.

Foto: Claudia Franke

Geschwindigkeit ist der große Trumpf der ICE-Züge. Die verschiedenen Bremsanlagen sorgen dafür, dass der Zug aus enormen Geschwindigkeiten von weit über 200 km/h auch sicher zum Stehen kommt. Wie im Straßenverkehr gilt auch für die Eisenbahn: Hohe Geschwindigkeiten gehen nur mit zuverlässigen Bremsen.
Foto: DB AG/Lautenschläger

den Querträgern des Drehgestellrahmens befestigt. An der Montageplatte des Drehzapfens ist beidseitig ein Querdämpfer angelenkt. Zwei Querpuffer vervollständigen die Querfederung. Dadurch wird ein gleisschonendes Fahrverhalten in Gleisbögen gewährleistet.
Die Schlingerdämpfung erfolgt über jeweils zwei paarweise angeordnete Dämpfer, die am Drehgestellrahmen und über eine am Wagenkastenlangträger angeschraubte Konsole befestigt sind. Im Falle eines Ausfalls eines Schlingerdämpfers übernimmt der andere seine Aufgaben in eingeschränkter Form. Ferner gibt es eine Querspielbegrenzung, die aus einer Rolle sowie einer Konsole mit Führungskulisse besteht.

Laufdrehgestelle

Die Laufdrehgestelle der Baureihen 403 und 406 unterscheiden sich in der Anzahl der Bremsscheiben. Bei der Baureihe 403 sind je Radsatz zwei Wellenbremsscheiben vorhanden. Die Baureihe 406 verfügt dagegen über jeweils drei Wellenbremsscheiben pro Radsatz. Die Laufdrehgestelle sind zudem mit linearen Wirbelstrombremsen ausgerüstet. Die Hauptsteuerelemente dafür sind am Drehgestellrahmen befestigt. Die exakte Führung der Elektromagneten über der Schiene erfolgt durch balggeschützte Tragarme sowie durch Lenker.

Triebdrehgestelle

Die Triebdrehgestelle beider Baureihen sind baugleich. Sie verfügen über jeweils zwei fremdbelüftete und innengekühlte Drehstrom-Asynchronmotoren, die fest an einem Hilfsrahmen montiert sind. Dieser Hilfsrahmen ist unterhalb des Drehgestellrahmens über Blattfedern und einem Dämpfer pro Seite befestigt. Der Fahrmotor hat eine Leistung von 500 kW. Im gesamten Zug befinden sich 16 Fahrmotoren.
Das achsreitende Getriebe ist über eine obere und eine untere Schichtfeder mit dem Drehgestellrahmen verbunden. Die Verbindung vom Motor zum Getriebe erfolgt über eine Bogenzahnkupplung. An den Langträgern der Triebdrehgestelle befinden sich Konsolen zur Aufnahme der Radscheibenbremsen. Die außen liegenden Radsätze sind mit Besandungsanlagen versehen. Die vorlaufenden Radsätze der Enddrehgestelle sind mit Spurkranzschmierung und Schienenräumer ausgerüstet.

Ungebremster Radsatz

Die Radsätze 3 in TW 2 und TW 7 sind ungebremste Radsätze. Dieser Radsatz ist zusätzlich zum Doppeldrehzahlgeber für Gleitschutz und Rollüberwachung mit einem Doppelspurdrehzahlgeber ausgerüstet. Die ASG der benachbarten Wagen lesen diesen Geber ein. In jedem Zugverband gibt es nur einen ungebremsten Radsatz. Dieser befindet sich immer in der Traktionseinheit, in der sich der besetzte Führerstand sowie Zugmaster ZSG und Zugbremsmanager befinden. Bei einer Schnellbremsung werden alle Radsätze gebremst. Das Wagen-BSG des betreffenden Trafowagens (TW) aktiviert die Funktion „ungebremster Laufradsatz“. Dies wird erreicht, indem das Gleitschutzventil während Betriebsbremsungen angesteuert wird.

Elektrische Ausrüstung

Der Triebzug verfügt über zwei voneinander unabhängige Traktionsanlagen. Sie sind jeweils über drei Wagen unterflur verteilt. Jede Traktionseinheit hat einen Transformatorwagen TW 2 bzw. 7. Im Anschluss an den Transformatorwagen folgen beidseitig je ein Stromrichterwagen SW 3 bzw. 6 und der Endwagen EW 1 bzw. 8. Die Transformatorwagen sind mit

TECHNISCHE DATEN

ICE 3 Gesamtzug (BR 406)
Fahrzeugbegrenzung: UIC 505
Zusammenstellung: 2 Endwagen, 6 Mittelwagen
Maximal erreichte Geschwindigkeit: 368 km/h
Zugelassene Höchstgeschwindigkeit: 330 km/h
Baujahre: seit 1997
Spurweite: 1.435 mm
Zugsicherung: LZB 80, Indusi PZB 90, SiFa (Deutschland), ZUB 121, Integra (Schweiz), Crocodile, TVM 430 (Frankreich), ATBL (Frankreich/ Belgien/ Niederlande), Eurobalise (Transitionsbalise)
Zuggewicht leer: 435 t

403 012 mit Deko zur 2011 in Deutschland stattfindenden Fußball-WM der Damen. Er macht am 4. September 2011 halt in Augsburg Hbf.
Foto: Christian Stolze

jeweils einem Stromabnehmer DAS 380 D für Deutschland ausgerüstet. Die Stromabnehmer sind direkt mit einer Hochspannungsleitung, welche im Dach der Wagen verlegt wurde, verbunden. An den Wagenübergängen tritt diese Leitung über einen Endverschluss aus dem Dach aus und wird über Stützisolatoren mit einer doppelten Leitung mit dem nächsten Wagen verbunden. Durch diese Hochspannungsleitung kann der gesamte Zug über einen Stromabnehmer versorgt werden. Im Falle einer Störung ermöglichen zwei Dachtrennschalter auf den Transformatorwagen die Trennung der Dachleitung. Beim Ausfall einer Traktionseinheit bleibt die andere voll funktionsfähig. Ist der Trennschalter gestört, können beide Traktionseinheiten über ihre eigenen Stromabnehmer voll weiterbetrieben werden.

Baureihe 406

Die Baureihe 406 verfügt aufgrund ihrer Mehrsystemausführung über verschiedene Anlagen. Sie besitzt mehrere Stromabnehmer, hat jedoch die gleiche Aufteilung von Traktionseinheiten wie die Baureihe 403. Die Transformatorwagen sind auch hier mit dem Stromabnehmer DAS 380 D ausgerüstet. Allerdings ist dieser Stromabnehmer auch für das in den Niederlanden im Aufbau befindliche 25 kV/50 Hz-Netz geeignet. Außerdem ist dieser Stromabnehmer auch für Einsätze im NS-Netz ausgerüstet. Die Dachausrüstung ist um ein Spannungs-Fühlsystem erweitert. Dieses System erkennt, wenn ein AC-Stromabnehmer im DC-Netz gehoben wird. Die Stromabnehmer sind über einen Trennschalter mit der Hochspannungsleitung im Dach verbunden. Ein weiterer Trennschalter auf den Dächern der MW 4 und 5 sorgt im Falle einer Störung für die sekundenschnelle Trennung der Dachleitung. Alle Dachaufbauten sind für eine Spannung von 25 kV ausgelegt. Auf den MW 4 und 5 befinden sich weitere Stromabnehmer für den AC-Betrieb auf SNCF- und Schweiz-Strecken. Es ist der Typ DSA 380 F. Es können auch die mit 25 kV elektrifizierten Strecken in Belgien befahren werden.

Der Haupttransformator verfügt über eine verstärkte Wicklungsisolation aufgrund möglich höherer Spannungen. Er wird ebenfalls mit Mineralöl ge-

TECHNISCHE DATEN

ICE 3 Endwagen (BR 406)
Länge über Kupplung: 25.835 mm
Breite: 2.950 mm
Höhe ohne Stromabnehmer: 3.890 mm
Achsfolge: Bo'Bo'
Achslast: 16 t
Stromsystem: 15 kV 16,7 Hz, 25 kV 50 Hz, 1,5 kV DC, 3 kV DC
Stromabnehmer Typ: DSA 380 D, DSA 380 F, DSA 350 G
Fahrmotoren Bauart: Drehstrom-Asynchron
Fahrmotoren-Dauerleistung: 16 x 500 = 8.000 kW
Kosten je Zug: 19 Mio. €
Anzahl der Züge: 50

Gegenüberliegende Seite: „Sie gewinnen eine Stunde", sagt die Rote Eins, die von der Bahn zur Eröffnung der Neubaustrecke Köln–Frankfurt (Main) 2002 bei Niederselters aufgestellt wurde. Dank einer Geschwindigkeit von 300 km/h holt der ICE 3 hier diesen Zeitvorteil gegenüber der Fahrt durch das Rheintal heraus.
Foto: Bodo Schulz

kühlt. Von den Stromabnehmern wird die Energie über den Hauptschalter zum Haupttransformator geführt. Jeder Trafo verfügt über jeweils zwei Sekundärwicklungen für 1.103 V (Traktionsstromrichter EW 1/8 bzw. SW 3/6) und 331 V bei 15 kV Netzspannung oder 2 x 337 V bei 25 kV Netzspannung (Zugsammelschienenumrichter TW 2/7). Alle Sekundärwicklungen sind mit zusätzlichen Abgriffen für den 25 kV-Betrieb vorgesehen.

Ein Systemumschalter schaltet in Abhängigkeit des gewählten Stromsystems entweder auf volle Windungszahl (15 kV) oder reduzierte Windungszahl (25 kV). Dieser Systemumschalter ist Teil des sogenannten Bordnetztransformator- und Trennschaltergerüstes BTG. Es stellt im Wechselstrom-Betrieb (AC) die Verbindung zwischen Haupttransformator und Traktionsumrichtern im EW/SW bzw. Zugsammelschienenumrichter her. Im Gleichstrom-Betrieb (DC) versorgt es das 670-V-Bordnetz aus dem Traktionszwischenkreis über einen Bordnetztransformator.

Die DC-Anlage ist die zweite Hochspannungsanlage im 406. Auf den Dächern der SW 3 und 6 sind Stromabnehmer vom Typ DSA 350 G vorgesehen. Sie sind baugleich mit der AC-Version, sind jedoch für Ströme bis zu 2.400 A einsetzbar. Die Dachausrüstung besteht aus einem Fühlsystem mit Trennschalter. Die Eingangsspannung beträgt 1.500 bzw. 3.000 V DC. Daher wird der Haupttransformator umgangen. Die Stromabnehmer sind daher nicht an die Hochspannungsdachleitung angeschlossen, sondern werden jeweils über einer eigenen Hochspannungsleitung über den Oberstromwandler direkt in den DC-Hochspannungscontainer in der Bodenwanne der SW 3/6 geführt. Deshalb müssen die ICE 3M in den Niederlanden und in Belgien beide Stromabnehmer anlegen.

Im DC-Betrieb sind beide Stromabnehmer miteinander verschaltet. Durch zwei verschiedene Schaltvarianten wird eine Anpassung an die Fahrdrahtspannung erreicht. Die Pulswechselrichter werden mit derselben Zwischenkreisspannung von 2.000 bis 2.800 V versorgt. Die weiteren Module und deren Funktionen mit Ausnahme des Saugkreises entsprechen denen im AC-Betrieb.

Das durch ZSG und ASG gesteuerte Umkonfigurieren der Hochspannungs- und Hauptstromanlagen erfolgt dabei nach der Befehlsgabe automatisch. Der Systemwechsel kann sowohl auf freier Strecke als auch während des Aufenthalts in einem Bahnhof erfolgen.

Arten von Bremsungen:

Betriebsbremsung

Im manuellen Betrieb Anwählen einer der acht Bremsstufen

Schnellbremsung

Auslösung durch die Lage des Bremsstellers in SB, durch die Betätigung eines Notbremsventils, durch den Eingriff eines der Zugbeeinflussungssysteme oder durch die Unterbrechung der Schnellbremsschleife. Die Bremsleistung wird entsprechend der Geschwindigkeit durch die GB, WB oder PB erreicht.

Zwangsbremsung

Sie werden nicht unmittelbar vom Lokführer oder der AFB eingeleitet und können Schnell- oder Vollbremsungen sein. Dazu gehören folgende Möglichkeiten

- Fahrgastnotbremse
- Sifa löst Zwangsbremsung aus
- Zwangsbremsung durch PZB/LZB
- Schlauchriss Hauptluftleitung
- Schnellbremsschleife wird unterbrochen

Bremssystem im ICE 3

Zugbremsmanager wird das Bremssteuergerät in dem Endwagen genannt, wo der Fahrtrichtungsschalter aus der Stellung 0 verlegt wird. Der Bremsmanager errechnet dann in Abhängigkeit von der aktuellen Stellung des Bremsstellers anhand der Zugmasse und der Sollverzögerung die erforderlichen Bremskräfte und teilt sie entsprechend auf die Bremssysteme auf. Im AFB-Betrieb übernimmt die AFB die Aufteilung der Bremssysteme und übergibt für jedes System einen Sollwert an den Zugbremsmanager. Dieser verteilt dann die Werte an die MVB-Segmentbremsmanager. Diese geben die Sollwerte zu den einzelnen Bremssteuerkomponenten weiter. Sie ermitteln die aktuell verfügbaren Bremskräfte und melden diese zurück an den Zugbremsmanager.

Zu den Bremssteuerkomponenten zählen die Bremssteuergeräte für die pneumatische Bremse, die Antriebssteuergeräte für die generatorische Bremse sowie eine Kombination der Steuergeräte für die Ansteuerung der linearen Wirbelstrombremse. Die Endwagen verfügen über zwei Bremssteuergeräte, wobei eins davon nur auf die zugweiten Funktionen (z. B. Steuerung der HL) beschränkt ist. Alle anderen Wagen verfügen über ein Bremssteuergerät (BSG). Neben den BSG sind auch die zentralen Steuer-

geräte ZSG und die Antriebssteuergeräte ASG maßgeblich am Bremsvorgang beteiligt. Die ASG steuern entsprechend die generatorischen Bremsen sowie den Strom für die Wirbelstrombremse. Über das ZSG wird die AFB-Funktion gesteuert.
Die Kommunikation aller am Bremsmanagement beteiligten Rechner erfolgt durch den MWB und den WTB. Zusätzlich sind weitere Steuerleitungen vorhanden. Dazu gehören die Schnellbremsschleife, die Fahrgast-Notbremsschleife, die Bremse-gelöst-Schleife und außerdem noch die Federspeicherbremsen-Überwachungsschleife. Ferner gibt es noch ein paar weitere Bremssteuerleitungen für das Lösen der pneumatischen Bremse, für das Anlegen und Lösen der Federspeicherbremse. Im EW 1

403 512 durchfährt am 9. August 2000 als EXE 1475 von Köln kommend den Betriebsbahnhof Ahlem an der Güterumgehungsbahn Hannover.
Foto: Christian Stolze

sind acht Sifa-Schleifen vorgesehen, die zur Übertragung des Sifa-Bremsbefehls vom ZSG zum Bremsmanager dienen.
Der ICE 3 verfügt über folgende Bremssysteme: generatorische Netzbremse in allen Triebdrehgestellen (EW 1/8, SW 3/6), lineare Wirbelstrombremse in allen Laufdrehgestellen der nicht angetriebenen Wagen (TW 2/7, MW 4/5), pneumatische Scheibenbremse in allen Wagen und Federspeicherbremse als Bremszange an jedem Laufradsatz.

Die generatorische Netzbremse

Sie ist das bevorzugte Bremssystem, da sie verschleißarm arbeitet und auch noch Energie zurückgewonnen werden kann. Bei Betriebsbremsungen wird von der AFB/Zugbremsmanager der Bremskraftsollwert für die GB ermittelt und über den MVB an die einzelnen Antriebssteuergeräte weitergeleitet.
Diese ASG übernehmen dann die Steuerung der Bremse. Die dabei gewonnene Energie wird in die Oberleitung zurückgespeist. Bei der Baureihe 406 kann die Rückspeisung nur in AC-Netzen erfolgen. Die überschüssige Energie wird dann den Bremswiderständen zugeleitet. Jedoch wird von vornherein die Bremsleistung begrenzt, bis der Strom im Bremswiderstand auf 0 gefallen ist. Das ASG meldet dann die verringerte Bremsleistung an das Bremsmanagement weiter. So wird die fehlende Bremskraft auf andere Bremssysteme verteilt. Sollte das jeweilige Bahnnetz wieder mehr Energie aufnehmen können, so erhöht das ASG den Wert der maximalen generatorischen Bremskraft.

Die Wirbelstrombremse

Alle Laufdrehgestelle besitzen Wirbelstrombremsen. Bereits im ICE 1 wurde an einen derartigen Einsatz gedacht, jedoch waren die Strecken nicht dafür geeignet. Lediglich die Strecken Hannover–Würzburg, Berlin–Hannover und Köln–Frankfurt sind für diese Einsätze präpariert und geeignet. Unter 50 km/h kommt die Wirbelstrombremse nicht zum Ein-

satz. Erheblicher Nachteil der WB ist, dass durch die Induktion von Strömen eine entsprechende Erwärmung der Schienen erzeugt wird. Weiterer genereller Nachteil ist, dass ältere Gleisschaltmittel, wie beispielsweise Achszähler, durch die elektromagnetische Wirkung gestört werden.
Die Funktionsweise der Wirbelstrombremse ist relativ einfach. Die Traverse mit den Elektromagneten wird bis zu einer Höhe von sieben Millimetern über Schienenoberkante heruntergelassen. Dadurch wird ein Magnetfeld erzeugt. Zusammen mit der Bewegung des Zuges werden in der Schiene Wirbelströme gebildet, die ihrerseits Magnetfelder erzeugen. Somit wirken diese Felder dem Erregerfeld entgegen, und die Bremswirkung entsteht. Bei der Magnetschienenbremse wird der Magnet auf die Schiene herabgelassen, sodass dieses Bremssystem durch die Reibung recht verschleißanfällig ist. Der Einsatz der Wirbelstrombremse kann sowohl bei Betriebsbremsungen als auch bei Schnellbremsungen erfolgen.

Ein Radsatz eines Triebdrehgestells, erkennbar an den Flächen für die Radscheibenbremsen. Das Radsatzgetriebe befindet sich achsreitend auf der Radsatzwelle. Es wird über eine Bogenzahnkupplung mit dem Fahrmotor verbunden.
Foto: Bernd Bartsch

Die pneumatische Bremse

Sie besteht aus jeweils zwei Radbremsscheiben pro Radsatz bei den Triebdrehgestellen und zwei innenbelüfteten Wellenbremsscheiben (Stahl) pro Radsatz bei den Laufdrehgestellen. Beim 406 sind es drei innenbelüftete Wellenbremsscheiben pro Radsatz. Weiterhin hinzu gehören die Bremszangen für die Radbremsscheiben, die Kompaktbremszangen ohne Federspeicher und mit Federspeicher, die Betriebsbremszylinder und die Hauptluftleitung. Die Bremsbeläge selbst sind eine Neuentwicklung der Firma Knorr und bestehen aus Sintermetall auf Knorr-Isobar-Unterbau. Durch ihre Sechskantform passen sie sich besser an eventuelle Verzüge der Bremsscheiben an.
Die Bremszylinder der Triebdrehgestelle sind an den Drehgestell-Langträgern befestigt. Bei den Laufdrehgestellen befinden sich diese an einem zusätzlichen Bremsquerträger, der an den Querträgern des Drehgestellrahmens befestigt ist. Jeweils eine Bremszangeneinheit pro Laufradsatz ist mit einem Federspeicher als Feststellbremse versehen. Das Anlegen

Bordnetz

Das Bordnetz dient der Versorgung von Hilfsbetrieben und Komforteinrichtungen. Wichtige Verbraucher sind z. B. Lüfter, Pumpen, Klimatisierungsgeräte, Heizung sowie alle Küchenverbraucher wie Mikrowelle etc. Bei der Konzipierung dieses Bordnetzes wurde auch auf die unterschiedlich verbreiteten Versorgungsspannungen geachtet. Deshalb ist durch den gesamten Zug eine 670 V-DC-Zugsammelschiene untergebracht.

Regelmäßig im Zwei-Stundentakt verkehrt der ICE von München nach Stuttgart. Im Mai 2004 war noch ein schönes Motiv möglich, hier der ICE 3 auf der Eisenbahnbrücke vor dem Ulmer Münster.
Foto: Claudia Franke

und Lösen erfolgt über ein Magnet-Impulsventil, zudem können sie mechanisch gelöst werden.

Wagenausstattung, WCs, Klimaanlage

Bei der Ausstattung wurden Holzfurniere (Honeycomb mit Buchenfurnier) verwendet, wodurch Behaglichkeit vermittelt wird. Lediglich bei den Innen- und Außenverkleidungen der Toilettenräume, den Schaltschränken sowie der Galley-Außenverkleidung wurden passende Kunststoffdekore verwendet.

Fußböden

Eine 20 mm dicke Holzplatte, die mit einer Hartpapierlaminatschicht versiegelt ist, bildet den Fußboden des ICE. Diese Holzplatten sind über auf der Bodenplatte angeschraubten Schienen befestigt. Der Teppich der Firma Vorwerk ist 6,5 mm dick und ist auf den Holzplatten verklebt. Der Einstiegsbereich ist mit einem Schmutz- und Nässeschutzbelag ausgelegt. In den Toiletten wurden aus hygienischen Gründen GFK-Echtstein-Böden verlegt.

Fenster

Das charakteristische Merkmal des ICE ist das durchgehende Fensterband. Es wurde natürlich auch beim ICE 3 beibehalten. Die Fenster der Fahrgasträume besitzen eine zylindrische Oberfläche, während die Fenster des Führerraumes eine leicht sphärische Oberfläche aufweisen. Besonders auf diese Fenster wird bei Tunnelfahrten ein enormer Druck ausgeübt. Deshalb stiegen die Anforderungen an die Druckdichtigkeit und Festig-

keit. Ferner befinden sich im Führerraum links und rechts zwei Notausstiegsfenster, die sich mit einem normalen Fenstergriff öffnen lassen.
Aufbau und Montage der Fenster ist denen des ICE 1 und ICE 2 identisch. So besteht das Sichtfenster aus zwei Fensterscheiben. Die äußere Scheibe besteht aus einem 13,26 mm starken Verbundglas (inkl. einer 0,76 mm dicken Zwischenfolie aus Polyvinylbutyral). Die innere Fensterscheibe ist nur 6,5 mm dick und besteht ebenfalls aus Verbundglas mit einer Zwischenschicht aus Gießharz. Das gesamte Fensterpaket ist in einem Z-Profilrahmen aus Aluminium mit einer Silikon-Klebedichtmasse verklebt und hat eine Gesamtstärke von 35,76 mm.
Die sphärisch gewölbte Frontscheibe ist Teil des Designs des ICE 3 und ist in zwei Teile aufgeteilt. Im oberen Teil ist ein elektrisch betätigtes Sonnenschutzrollo integriert. Die untere Frontscheibenhälfte besteht aus Klarglas. Zudem wurden feste Lamellen angebracht, um im Sommer den Lokführer und vor allem die technischen Geräte und Displays vor der direkten Sonneneinstrahlung zu schützen. Die Frontscheiben, die aus Verbund-Sicherheitsglas bestehen, sind beschusssicher. Die Sicherheit wurde mit einem Versuch in einem Schießkanal der Schweizer Armee getestet und nachgewiesen. Der Beschuss wurde nicht nach UIC-Voragaben mit Vmax + 160 km/h, sondern mit Vmax + 200 km/h durchgeführt. So wurde die Frontscheibe mit 530 km/h beschossen. Die Stärke der Frontscheibe beträgt 18,4 mm.
Die Scheibe ist zudem über eine Schnellabtaustufe und Normalstufe elektrisch beheizbar. Für freie Sicht sorgt eine im Führertisch integrierte Defrosterdüse. Aufgrund der extrem zurückversetzten Sitzposition des Triebzugführers musste für die Außenreinigung der Frontscheibe ein neu-

Die Lounge der 1. Klasse kann gezielt reserviert werden. Von hier aus ist ein Blick zum Lokführer möglich. In den früheren Jahren, als noch geraucht werden durfte, gab es säulenförmige Lufterfrischer, wie hier im Hintergrund gut zu sehen ist.

Foto: Claudia Franke

artiger Scheibenwischer entwickelt werden. In einem Windkanal wurden anhand eines 1:1-Modells Versuche durchgeführt, die das Anpress-Verhalten auch bei hohen Geschwindigkeiten simulieren sollten. So konnte der aus CFK (Kohlenfaserstoff) hergestellte Wischerarm ohne Windleitbleche auskommen. Zudem wurden vier Waschdüsen in den Wischarm integriert. Der Scheibenwischer kann im Dauer- und Intervallbetrieb geschaltet werden.

Insgesamt sechs Sitzplätze bietet die Lounge der 1. Klasse an. Die Sitzplätze in der zweiten Reihe sind leicht erhöht, damit der Fahrgast einen uneingeschränkten Blick nach vorne bekommt. Beim Nachfolger Baureihe 407 gibt es keine Lounge mehr.
Foto: Claudia Franke

Innentüren

Die Fahrgasträume sind teilweise – mit Ausnahme der Lounge – mit Bewegungsmelder gesteuert und elektropneumatisch durch einfache und doppelte Glasschiebetüren von den Einstiegsräumen getrennt. Die Türen zur Lounge werden über einen Drucktaster betätigt. Die Schiebetüren bestehen aus Einscheiben-Sicherheitsglas mit einer Stärke von zehn Millimetern. Zudem besitzen die Türen einen Einklemmschutz. Ein Teil der Übergangstüren sind antriebslos und in geöffnetem Zustand arretiert.

Innenverkleidung

In einigen Bereichen des ICE 3 fand eine edel aussehende Holzverkleidung Anwendung. Das BordRestaurant wurde größtenteils mit dieser Holzverkleidung ausgestattet. Allerdings wurden die Wände in den übrigen Wagen größtenteils mit einer graugesprenkelten Plastikabdeckung verdeckt. Diese ist robust und recht unempfindlich. Die Seitenwände neben den Sitzplätzen besitzen zwei kleine Klapphaken für die Garderobe und ein integriertes Sonnenschutzrollo. In den Seitenwänden sind Gepäckablagen aus sandgestrahltem Glas eingeklemmt. An der Rückseite der Verkleidung sind Belüftungskanäle geformt. Der von oben kommende Luftstrom wird über die Öffnungen im Bodenbereich und oberhalb der Fensterbrüstung an die Fenster geleitet. Die Deckenverkleidung in den Großräumen besteht aus Lochdecken (Schallschluckmaterial). In den Einstiegsbereichen der Endwagen befindet sich hinter den Deckenklappen die Notleiter.

Sitze und Beleuchtung

Die Sitze stammen – wie auch bei den vorherigen Baureihen – von der Firma Grammer. Sie besitzen einen dunkelblauen Stoffbezug sowie zwei verstellbare Armlehnen. Die Sitztiefe lässt sich mit einem Hebel unterhalb des Sitzes verstellen. Die Neigung der Sitze beträgt maximal acht Grad. An jedem Sitzplatz befindet sich ein Audiomodul (nur 1. Bauserie). Ferner ist eine 220-V-Steckdose für Laptops vorhanden, die sich jeweils zwischen den beiden Sitzen befindet. Die Reihensitze sind mit Klapptischen und Netzen für Kleingepäck versehen. In der 1. Klasse wurde Leder verwendet.
In der 1. Klasse sowie an den Sitzplätzen in den Lounges befinden sich Leselampen, die sich ein- und ausschalten lassen.
In der Lounge wird die Beleuchtung durch einen Knopf oberhalb der Tür, an den Sitzplätzen der 1. Klasse durch einen blau beleuchteten Knopf unterhalb der Gepäckablage ein- und ausgeschaltet. Die Großräume und Abteile werden durch Halogenröhren, die gut verkleidet sind, beleuchtet. In mehreren Bereichen (z. B. in den Lounges, Gängen oder neben den Abteilen) wurden 20-Watt-Halogenspots in die Deckenverkleidung eingelassen, die teilweise als Notbeleuchtung dienen. In den Hohlecken der Toilettenwände wurden sogenannte Hohlkehlen-Leuchten aus verchromtem Sockel und grünen Glasscheiben montiert. Die Trittstufenleuchten, die ein sicheres Ein- und Aussteigen gewährleisten sollen, dienen auch als Notbeleuchtung.

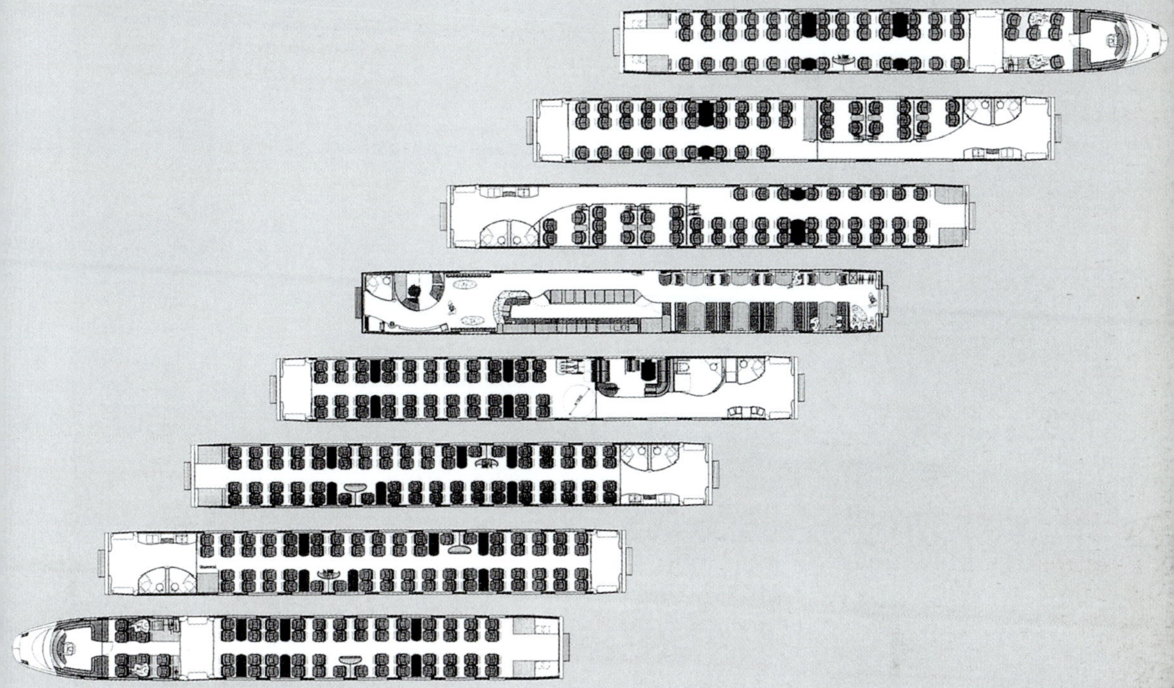

Diese Grafik zeigt die Wagenreihung und Einrichtung des ICE 3 (hier die Baureihe 406) im Zustand bei Auslieferung. Der Anteil der 2. Klasse wurde durch Umbauten schon bald erhöht.
Foto: Siemens/Konsortium

Toilettensystem

Auch beim ICE 3 kommt das Vakuum-System der Firma Semco zum Einsatz. Es ist ein druckdichtes System. Die Luftdruckdichtigkeit gewährleisten Ventile. Durch sie wird verhindert, dass über Belüftungs- und Absaugrohre ein Druckausgleich stattfinden kann. Ein ICE-3-Zug besitzt elf normale Toiletten einschließlich einer Personaltoilette. Zudem befindet sich ein behindertengerechtes WC im Zug. Toilettenschüssel und Handwaschbecken sind aus Edelstahl. Die Fußböden sind hygienisch einfach zu reinigen, ebenso wie die Kunststoffverkleidungen im Toilettenraum. Der Fußboden besteht ferner aus einem GFK-Divinylcell-Sandwich mit einer Einlage aus Echtstein-Granit. Divinylcell ist ein Schaum aus synthetischen Materialien wie etwa PVC. Es ist „vernetzt" und somit viel härter und druckfester. Durch die Verriegelung der Türen leuchtet an der entsprechenden Kopfwand des Großraumes ein roter Hinweis, dass das WC besetzt ist.

ICE-Sitzplan

Der ICE 3 setzt völlig neue Maßstäbe. Eine kürzere Zuggarnitur, unterteilt in 1., 2. Klasse und BordBistro. Neu ist eine Lounge in den beiden Endwagen, es gibt keine Triebköpfe mehr. Sämtliche Geräte und Antriebe sind unterflur angebracht. Auch die Innenausstattung ist anders. Die Sitze ähneln denen im ICE 2, sind aber mit einem blauen Bezug überzogen. Auch die restliche Innenausstattung präsentiert sich edel im Holzdesign. Es gibt kaum noch Abteile. Neu ist ein ServicePoint im Zug.

Im Mai 2009 legt 406 052 im belgischen Verviers einen Zwischenstopp ein. Der Zug der Niederländischen Staatsbahnen trägt auf der Nase mittlerweile den Schriftzug „HiSpeed“.
Foto: Marcus Henschel

ÜBER DIE (STROM-)GRENZEN HINWEG

Der ICE 406 im Ausland

Als Mehrsystem-Züge ICE 3M können die ICE der Baureihe 406 auch ins benachbarte Ausland verkehren. Die Technik ist sehr aufwendig.

Frankreich

Der ICE 3MF, also die Frankreich-fähige Variante der Baureihe 406 (ICE 3M), besteht aus sechs Garnituren, die 2007 umgerüstet wurden. Sie erreichen in Frankreich bis zu 320 km/h. Dafür waren allerdings nicht nur umfangreiche Tests nötig, sondern auch umfangreiche Umbaumaßnahmen, um am 31. Mai 2007 die Zulassung zu erhalten. Der Frankreich-ICE verkehrt parallel zum TGV nach Paris Est. Aus Norddeutschland fahren Thaly der DB nach Paris, allerdings zum Nordbahnhof.

Niederlande

Der ICE verbindet auch mehrmals täglich Deutschland mit den Niederlanden als Direktverbindung, meist ausgehend von Frankfurt (Main) Hbf nach Amsterdam Centraal. Für diesen Einsatz „ICE International“ bestellte die Niederländische Staatsbahn (NS) eigene ICE-Züge, die sich von den deutschen ICEs nur in Bezug auf das Firmenlogo und den Bordrestaurant-Schriftzug unterscheiden.
Die „niederländischen“ ICE haben die Baureihennummern 406 051 sowie 406 052 (ICE 3M).

Belgien

Bereits früh wurde Belgien in die Planungen der DB einbezogen. Auf dem dortigen Gleichstromnetz sollen in Zukunft Geschwindigkeiten bis zu 300 km/h erreicht werden. Ziele sind Lüttich und vor allem Brüssel.

Gegenüberliegende Seite: 406 051, erster ICE für die Nederlandse Spoorwegen (NS), am 10. Februar 2000 auf der Güterumgehungsbahn Hannover bei Limmer.
Foto: Christian Stolze

Schweiz

Für den Einsatz in der Schweiz verkehrte ein ICE 3M im Dezember 2000. Weitere Messfahrten erfolgten 2001, wobei ein Zug auf der Gotthard-Südrampe unterwegs war. Ende 2001 liefen dann die Zulassungsfahrten für die Schweiz. Die Zulassung für den ICE 3 für die Schweiz erfolgte ein halbes Jahr später. Sie wurde aufgrund der kostenintensiven Umbauten auf das teure Euro-ZUB-System nicht genutzt. Derzeit wird nur Basel bedient. 2016 soll ein neuer Anlauf genommen werden, wenn ERTMS (Atlas) nachgerüstet wird. Dafür fährt der ICE auch nach Innsbruck, Salzburg, Wien, Budapest und mit dem ICE TD nach Aarhus und Kopenhagen.

Seit 2007 kommt der ICE der Baureihe 406 auch nach Paris (hier im Gare de l'Est). Für Fahrten nach Frankreich mussten sechs ICE 3M mit großem Aufwand zu ICE 3 MF umgerüstet werden.
Foto: Helmut Scheiba

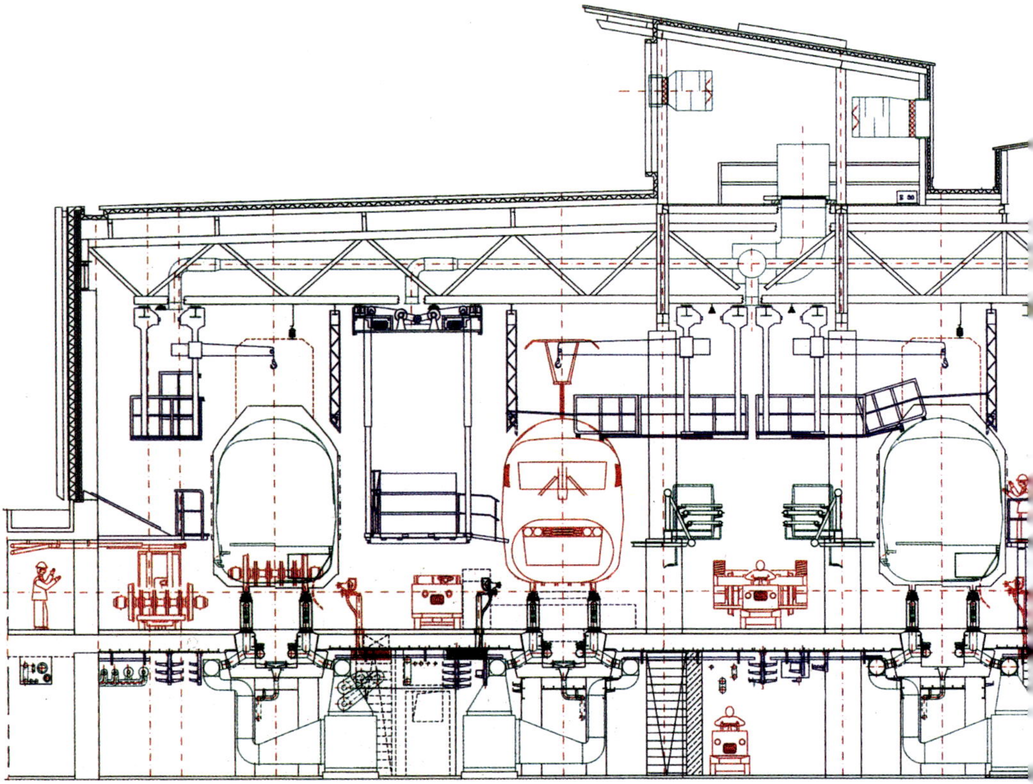

Das ICE-Wartungskonzept basiert auf drei verschiedenen Arbeitsebenen. Der Querschnitt der großen Halle im ICE-Werk München veranschaulicht die ausgeklügelte Strategie. Hier kann an sechs Langzügen bzw. an zwölf Halbzügen gleichzeitig gearbeitet werden.
Grafik: Deutsche Bahn

EFFEKTIVITÄT UND GROSSES KNOW-HOW

Die ICE-Werke

In den zentralen ICE-Werken triumphiert die Effizienz moderner Technik. Lange Standzeiten gehören der Vergangenheit an.

Den Kern jedes Betriebswerks bildet der Betriebsführungsrechner. Er dient der inneren Steuerung der Arbeitsabläufe in der Instandhaltung und besteht aus eng vernetzten DV-Systemen. Hier werden auch die Daten, die per Funk an das Werk gesendet werden, empfangen und gespeichert. Im Betriebsführungsrechner werden die Züge und verschiedene Anlagen (zum Beispiel Stellung der Hallentore, Blitzlicht-Warnanlage) im ICE-Werk überwacht. Über geeignete Schnittstellen zu Prozessrechnern und weiteren DV-Systemen wird ein gutes Zusammenspiel verwirklicht.

Damit der Zeitaufwand für die Auftragserteilung in einem bestimmten Maß bleibt, werden die Arbeitsaufträge mit den wichtigsten Details vordefiniert. Wird ein Auftrag erteilt, so müssen bestimmte Codes eingegeben werden. Danach werden die Aufträge mit allen wichtigen Informationen im jeweiligen Arbeitsbereich ausgedruckt. Ist ein Mitarbeiter mit der entsprechenden Arbeit fertig, so meldet er das an die Dispositionsstelle. Alle Betriebswerke sind miteinander verbunden. Somit sind die Daten eines Zuges von jedem Werk abrufbar. Meistens handelt es sich dabei um die Radsatzdiagnoseergebnisse der ULM, ebenso wie für jeden Zug die Diagnose-, Bauteile- und Zustandsdatei.

Beheimatung

Die Züge werden in verschiedenen Werken vorrangig gewartet. Diese Aufteilung sieht wie folgt aus:

ICE 1	Hamburg-Eidelstedt
ICE 2	Berlin-Rummelsburg
ICE 3 (403)	München
ICE 3 (406)	Frankfurt-Griesheim
ICE 3 (407)	Frankfurt-Griesheim
ICE T (411)	München
ICE T (415)	Frankfurt-Griesheim
ICE TD	Hamburg-Eidelstedt

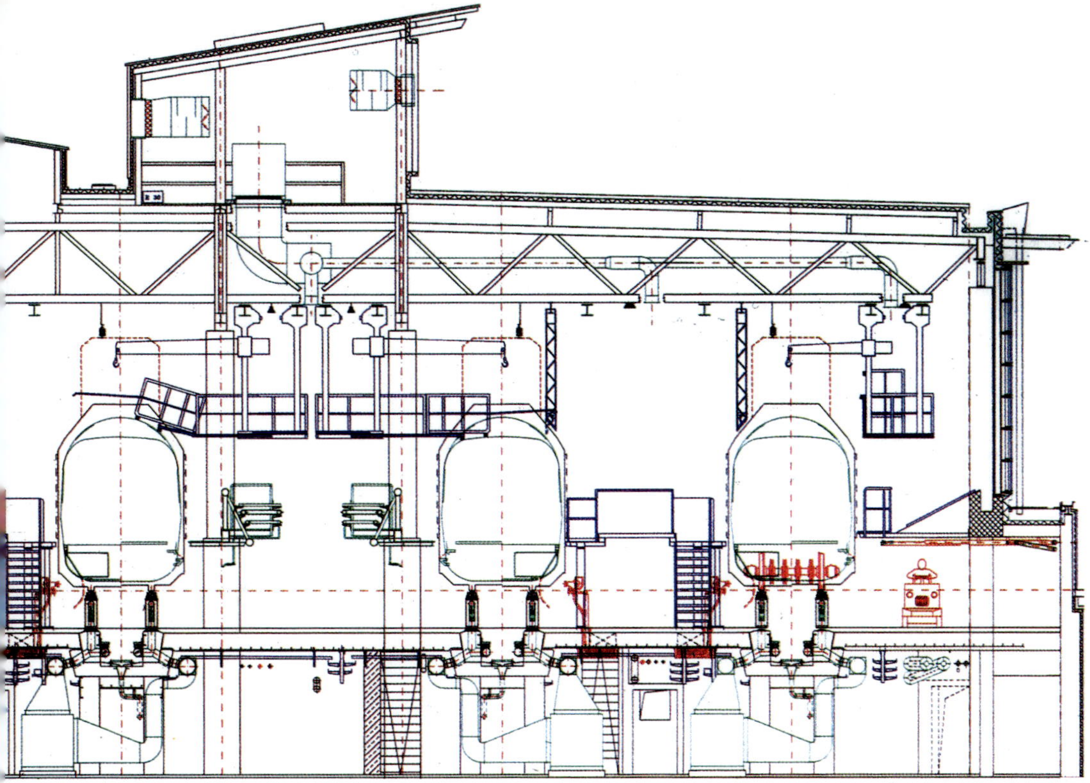

In jedem Instandhaltungswerk ist ein Betriebsführungsrechner (BFR) vorhanden, mit dem die Bewegungen der Züge auf dem Werkgelände genau gesteuert werden können. Zudem steuert dieser Rechner die Radsatzdiagnose und empfängt Messdaten. Damit Fehler frühzeitig erkannt und rechtzeitig im Werk behandelt werden können, verfügt der ICE über ein leistungsstarkes Selbstdiagnosesystem.

Wo sind die ICE-Werke?
Hamburg
Berlin
Köln
Dortmund
Frankfurt
Leipzig
München
Basel

Störungsanfälligkeit der ICEs

Die Technik der ICE-Züge ist so weiterentwickelt, dass weniger Probleme auftauchen. Triebköpfe besitzen GTO-Module oder IGBT-Stromrichter, die eine höhere Leistungsfähigkeit und somit eine sehr niedrige Ausfallquote besitzen. Störungen ergaben sich anfangs im Maschinenraum. Hohe Außentemperaturen führten dazu, dass die Antriebsmotoren, Transformatoren und die andere Technik stark erwärmt wurden und es somit zu Ausfällen kam. Die optimale Einstellung der Temperaturüberwachungen und die Kühlung der Steuerelektronik behoben diese Störungsquellen.
Das Hauptproblem der Triebköpfe ist die Bugspitze aus Kunstfaser. Diese muss aufgrund von Suizidfällen und Pufferberührungen öfters ausgetauscht werden. Aber auch bei den Mittelwagen kam es des Öfteren zu Problemen. Das Vakuum-Toilettensystem beispielsweise fiel aufgrund von Wassermangel im Spülsystem oft aus. Ein schnelles Umbauen aller Mittelwagen beseitigte dieses Problem binnen weniger Tage.
Alle ICE-Züge wurden anfangs von Bordtechnikern begleitet. Sie können die meisten Fehler während der Fahrt beheben. Heute werden sie meistens nur noch auf Teilstrecken eingesetzt. Für größere Reparaturen wird eine längere Standzeit in einem Werk eingeplant, in der Regel nachts. Hier können in mehreren Stunden beispielsweise Radsätze getauscht werden oder Bugklappen beim ICE 3/ICE T ausgetauscht oder repariert werden.

ICE T – bogenschneller Kurvenflitzer

Am 27. März 2012 legt sich der ICE T „Neubrandenburg“ bei Gundelsheim in die Kurve. Er verkehrte an diesem Tag als ICE 1711.
Foto: Manfred Gorus

Dass sich der ICE T gut in Kurven legen kann, zeigt dieses Pärchen bei Haspelmoor in den frühen Morgenstunden des 28. August 2008.

Foto: Claudia Franke

DER ICE MIT NEIGETECHNIK

Für Kurven: ICE T

Sehr viel Technik des ICE 3 steckt in dieser Baureihe. Die wichtigste Neuerung besteht aus der Neigetechnik nach dem Vorbild des italienischen Pendolino.

Die Drehgestelle und Neigetechnik wurden von der Firma ALSTOM Ferroviaria (damals Fiat) hergestellt und sind nach dem Vorbild des italienischen Pendolino entstanden.

Drehgestelle und Neigetechnik im ICE T

Im Wesentlichen unterscheiden sich die Trieb- und Laufdrehgestelle – mit Ausnahme der Anbauteile – nicht. Der Drehgestellrahmen besteht aus einer Schweiß-Verbundkonstruktion in H-Form. Das Radsatzlagergehäuse besteht aus dem Lagergehäuse und zwei angeformten Schwingen, die die Primärfederung aufnehmen. Die Radsatzführung erfolgt über zwei obere und einen unteren Radsatzlenker pro Rad.

Die Primärfederung besteht aus zwei doppelten Schraubenfedern sowie einer Primärfeder. Die Sekundärfederung besteht aus vier Schraubenfederpaketen pro Drehgestell. Jedes Paket besteht wiederum aus drei konzentrisch angeordneten Schraubenfedern. Die Federung wird durch zwei Vertikal- und zwei Horizontaldämpfer ergänzt. Drehzapfen übertragen Zug- und Bremskräfte auf den Wagenkasten.

Alle Triebdrehgestelle bestehen aus einem Lauf- und einem Treibradsatz. Die Treibradsatzwelle ist mit einem Getriebe und zwei innenbelüfteten

TECHNISCHE DATEN

ICE T Gesamtzug (411, 415)

Fahrzeugbegrenzung: UIC 505-1

Zusammenstellung: 7- oder 5-teilig, auch 6- oder 8-teilig

Maximal erreichte Geschwindigkeit: 253 km/h

Betriebliche Höchstgeschwindigkeit: 230 km/h

Baujahre: 1998/99; seit 2004

Spurweite: 1.435 mm

Zugleitsysteme: PZB, LZB, ZUB 262 (inkl. ZUB 161), ETCS

Zuggewicht leer: 368 t (Baureihe 411), 275 t (Baureihe 415)

Raddurchmesser (neu/abgenutzt): 890/840 mm

Wellenbremsscheiben ausgestattet. Verwendung fanden Monobloc-Räder. Die Radsätze der Laufdrehgestelle gleichen den Laufradsätzen der Triebdrehgestelle. Ferner verfügen vier Drehgestelle (an zwei Endwagen und an zwei Mittelwagen) über Besandungsanlagen.

Am 21. April 1999 wurde im Rahmen der Hannover-Messe auf dem Bahnhof Hannover-Messe/Laatzen der erste damals noch sogenannte „ICT" präsentiert, der hier mit 415 582 an der Spitze als ICE 18968 von der Präsentationsfahrt aus Kassel-Wilhelmshöhe wieder zurückkommt.

Foto: Christian Stolze

Neigetechnik

Die Neigetechnik basiert auf der Pendolino-Technik der Firma ALSTOM Ferroviaria. Diese Neigetechnik erlaubt eine für den Fahrgast fast unbemerkte Neigung der Wagenkästen um bis zu acht Grad. Somit kann der ICE T auch auf veralteten, kurvenreichen Strecken eingesetzt werden. Die für die Neigung wichtige Mechanik besteht aus zwei Neigetraversen, zwei Pendeln, zwei hydraulischen Neigeantrieben sowie zwei Wiegen. Zwei Lenkerpaare sind an der Oberkante der Wiege und an Auslegern der Neigetraverse befestigt. Diese Lenkerpaare dienen der Führung des Wagenkastens während des Neigevorgangs.
Inertiale Sensoreinheiten, bestehend aus elektronischen Kreisel- und Beschleunigungssensoren, steuern die Neigetechnik. Der Beschleunigungsmesser im Neigetechnik-Rechner nimmt eine Überschreitung der Höchstgrenzen der Querbeschleunigung im Wagenkasten auf. Ein elektronischer Rechner je Wagen verarbeitet die von den Sensoren kommenden Signale und steuert die Hydraulikzylinder über Servoventile. Eine hydraulische Anlage sorgt für die Speisung der Stellglieder. Die Rechner in den Endwagen fungieren als Kopf- und Schlusswagenrechner, die ein Geschwindigkeitssignal vom Zugsteuergerät erhalten, alle anderen Wagen sind mit einem Mikroprozessor-Rechner ausgerüstet. Alle wichtigen Informationen kommen von den Endwagen und werden in den Mikroprozessor-Rechnern verarbeitet.

Laufdrehgestell am Endwagen eines 411. Primär- und Sekundärfederung erfolgen durch Schraubenfedern.

Foto: Claudia Franke

Kupplung und Übergänge

Die automatischen Kupplungen (Schaku) für die Mehrfachzugbildung befinden sich an den Wagenenden. Die automatischen Frontkupplungen sind mit den Kupplungen der ICE-Typen ab der Baureihe 403 kompatibel.

Triebzug 415 022/522 warb einige Zeit lang für „175 Jahre Eisenbahn in Deutschland" mit der goldenen Spitze. Die Aufnahme stammt vom September 2010.
Foto: Claudia Franke

Alle Kupplungen können pneumatisch vom Führerstand aus entkuppelt werden. Alle pneumatischen (HL/HBL) und elektrischen Leitungen (Steuer- und Busleitungen etc.) sind nach dem Kuppelvorgang miteinander verbunden. Auch die Bugklappen werden pneumatisch über die Leittechnik gesteuert und betrieben. Kommt es einmal zu einem Ausfall des Bordnetzes, so wird die Bugklappensteuerung über die Batterie versorgt. Weiterhin gibt es die Möglichkeit, die Bugklappen per Hand zu öffnen. Der Kupplungskopf der Scharfenbergkupplung ist außerdem beheizt, um den Kuppelvorgang bei Eis und Schnee nicht zu beeinträchtigen.
Kurzkupplungen verbinden die Mittelwagen miteinander. In diesen Kupplungen sind Anschlüsse für die Hauptluftbehälterleitung (HBL) und für die Hauptluftleitung (HL) integriert. Der 7-teilige ICE T kann so verändert werden, dass er 8-teilig oder 6-teilig verkehrt. Die Trennung der Wagen kann nur in den Werkstätten erfolgen.

TECHNISCHE DATEN

ICE T Endwagen

- Länge über Kupplung: Baureihe 411: 185.300 mm; Baureihe 415: 133.500 mm
- Breite: 2.850 mm
- Höhe ohne Stromabnehmer: 3.890 mm
- Achsfolge: Bo'Bo'
- Drehgestellradstand: 2.700 mm
- Stromsystem: 15 kV 16,7 Hz
- Fahrmotor Hersteller: Siemens
- Dauerleistung: Baureihe 411: 4.000 kW Baureihe 415: 3.000 kW
- Nenndrehzahl: 1.500 U/min
- Höchstdrehzahl: 3.650 U/min

Der Wagenkasten des ICE T

Die Wagenkästen sind – wie beim ICE 2 und 3 – weitgehend in der Integralbauweise ausgeführt. Verwendung fanden die Legierungen AlMgSi0,7 und AlMgSi0,6Mn. Der Wagenkasten besteht aus den Baugruppen Bodenplatte, Seitenwände, Dach, Stirnwände und den Kopfbereichen.
Die Bodenplatte setzt sich aus zusammengeschweißten Strangpress-Hohlkammerprofilen zusammen. An den Seiten sind Langträger angebracht. Zur Aufnahme der Neigetraversen wurden Elemente, die auch eine Verbindung zwischen Wagenkasten und Drehgestell darstellen, angeschweißt. Der Trittkasten und der umliegende Schürzenanteil wurden als ein mittragender Schweißteil ausgebildet.
Die Seitenwände bestehen aus mehreren durchgehenden Strangpress-Hohlkammerprofilen. Die Seitenwände im Kopfbereich der Endwagen bestehen aus einer Konstruktion in Aluminium-Differenzialbauweise.
Das Dach besteht aus einem zusammengesetzten Hohlkammerprofil. Zusätzliche Dachspriegel im Bereich der Einstiege und zwischen den Einstiegen sorgen für die nötige Stabilität. Die 15-kV-Hochspannungsleitungen sind in einem Kanal in dem Dach (im Bereich der Wölbung) verlegt. Dieser Kanal wird anschließend mit einer Blende verschlossen. Im Dachbereich befinden sich zudem Öffnungen für die Dachklimageräte.

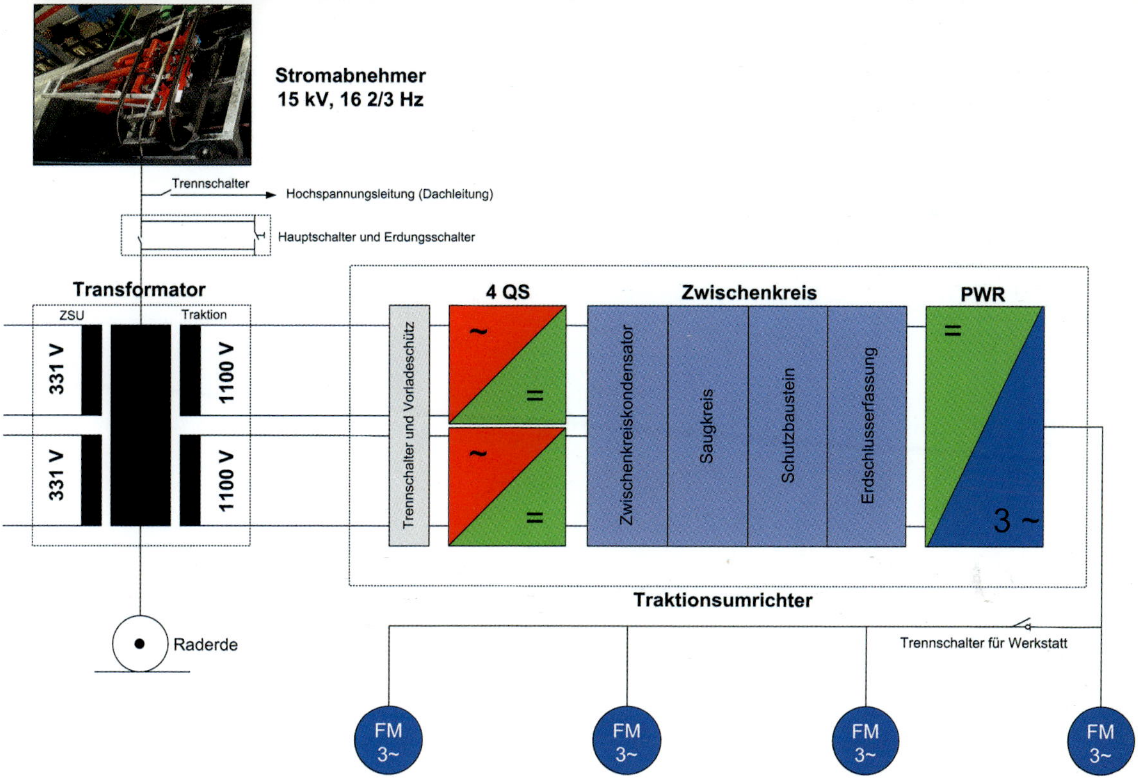

Prinzipdarstellung des Hauptstromsystems der Baureihe 411. Dabei gelangt der Strom über den Stromabnehmer in den Transformator. Hier sind verschiedene Wicklungen vorhanden. Die Traktionswicklungen mit je 1.100 V versorgen dabei über 4-Quadrantensteller, Saug- und Zwischenkreis und Pulswechselrichter (PWR) die Fahrmotoren (FM). Im 4-Quadrantensteller wird dabei der Wechselstrom in Gleichstrom umgewandelt, im Saug- und Zwischenkreis wird dieser geglättet, und im Pulswechselrichter erfolgt dann die Umwandlung in dreiphasigen Wechselstrom zur Speisung der Fahrmotoren.

Skizze: Claudia Franke

An den Enden der Endwagen musste der Dachbereich zur Aufnahme des Stromabnehmers abgesenkt werden, da der Endwagen als Transformatorwagen ausgebildet ist – anders als beim ICE 3.
Die Köpfe der Endwagen bestehen aus einem als Sandwich aufgebauten GFK-Formteil. Diese Teile werden über die Seitenwandkonstruktion gestülpt und zusammengeklebt. Der Übergang ist mit schwarzer Dichtmasse gefüllt. Die normale Kastenstruktur ist mit Strangpressprofilen und vorne angesetztem Rahmenteil mit massiver Rammschutzplatte in Aluminiumbauweise ausgeführt. An der Stirnseite des Rohbaus liegt auch die Aufnahme für die Scharfenbergkupplung.

Der Führerstand des ICE T

Er entspricht weitgehend dem des ICE 3. Unterschiede gibt es nur bei der Betätigung der Klima-Einrichtung. Ferner verfügten die Führerpulte der Endwagen der Triebzüge 1180 bis 1184 über Datenterminals und über eine Anzeige für das Zugsicherungssystem ZUB 262 (inkl. ZUB 121), mit denen diese ICE-T-Züge auch in der Schweiz eingesetzt werden konnten. Diese Schweiz-Ausstattung wurde 2014 in allen Triebzügen zurückgebaut. Außerdem ist der Führerstandsraum des ICE T an sich größer und höher, da er nicht so eine spitze Kopfform wie der ICE 3 hat. Als Frontscheibe dient eine zweigeteilte große Scheibe der Firma Saint-Gobain Sully.
Das Fahrgastinformationssystem im ICE T sowie sämtliche Anzeigemedien und Informationsinhalte auf Displays entsprechen in Struktur und Komponenten denen des ICE 3, ebenso die Leittechnik.

Elektrische Ausrüstung

Die ICEs der Baureihen 411 und 415 verfügen über weitgehend voneinander unabhängige Traktionsanlagen. Die Baureihe 411 besteht aus den

Der Dachgarten auf dem ICE T. In der Mitte ist der Hauptschalter gut zu erkennen. Rundherum verschiedene Messwandler und Überspannungsableiter.
Foto: Claudia Franke

Basismodulen BM 1 und BM 2 sowie einem Mittelwagen, die Baureihe 415 dagegen nur aus dem Basismodul BM 1 und den beiden Wagen SR (B) sowie T 1 aus dem Basismodul BM 2.
Die Endwagen verfügen über die Transformatoren, die Wagen SR bzw. SR 1 sind mit den Stromrichtern ausgeführt. Die Wagen SR/SR 1 bzw. SR (B), FM (R) und FM verfügen über die Fahrmotoren. Die Transformatoren verfügen jeweils über vier Sekundärwicklungen (2 x 1.100 V 935 kVA und 2 x 335 V 280 kVA). Die Gesamtleistung des Haupttransformators beträgt 2.430 kVA. Nachdem die Spannung in eine Einphasen-Wechselspannung mit 16 2/3 Hz transformiert wurde, wird innerhalb des Traktionsstromrichters diese Wechselspannung in zwei Vierquadranten-Stellern als netzseitige Stromrichter in eine gepulste Gleichspannung von 2.000 bis 2.800 V umgeformt. Über Saugkreise und Saugkreisdrosseln wird die Energie zum Pulswechselrichter als maschinenseitiger Stromrichter zugeführt. Hier wird die Energie in eine dreiphasige pulsende Wechselspannung umgeformt und den Fahrmotoren zugeführt.
Alle Endwagen verfügen über einen IGBT-Zugsammelschienen-Umrichter, der durch jeweils zwei getrennte Wicklungen des Haupttransformators versorgt wird. Dieser Umrichter versorgt eine durchgehende Zugsammelschiene mit 670 V DC. Ein Ausgangsstromrichter in jedem Wagen formt diese 670-V-Spannung um und verteilt die Dreh- und Wechselspannung.

Beim Bahntag 2003 konnte man einen Blick auf den Stromabnehmer werfen. Die komplette Plattform ist beweglich am Wagenkasten angebracht, damit dieser sich unabhängig vom Stromabnehmer neigen kann.
Foto: Claudia Franke

Der Stromabnehmer

Die beiden Endwagen im ICE T sind mit jeweils einem Stromabnehmer vom Typ SSS 87-AE ausgestattet. Er ist aufgrund seiner Wippenbreite von 1.950 mm nur für den Betrieb auf deutschen Strecken zugelassen. Die schweiztauglichen ICE T wurden mit dem Stromabnehmer vom Typ SSS 87-SBB ausgestattet. Dieser besitzt eine Wippenbreite von 1.450 mm und war ursprünglich für den Betrieb auf Schweizer Strecken vorgesehen.
Beide Stromabnehmer sind mit einer in einer Profilkammer im Dach verlegten Hochspannungsleitung verbunden. Durch diese Hochspannungs-Dachleitung kann der gesamte Triebzug mit dem Stromabnehmer einer Traktionseinheit betrieben werden. Zwei auf den Endwagen T1/T ange-

brachte Dachtrennschalter ermöglichen im Falle einer Störung die Trennung der Dachleitung. Dadurch bleibt beim Ausfall einer Traktionseinheit die andere voll betriebsfähig. Wenn die Dachleitung zwischen den Trennschaltern gestört ist, so können prinzipiell beide Traktionseinheiten über ihre eigenen Stromabnehmer voll weiterbetrieben werden.

Triebzug 1180 mit Neulack im Juni 2014. Im AW Nürnberg wurde die Schweiz-Ausstattung zurück gebaut. Er fährt nun wieder mit zwei DB-Stromabnehmern.

Foto: Claudia Franke

Wagenausstattung, WCs, Klimaanlage

Eine 20 mm dicke Holzplatte, die zum Schutz zusätzlich mit einer Hartpapierlaminatschicht versiegelt ist, bildet den Fußboden. Auf dieser Platte wurde der 6,5 mm starke Teppichboden geklebt. Im Bereich der Einstiege wurde ein dunkler schmutzabstreifender Teppich verlegt.

Wie auch bei den anderen ICE-Generationen wurde auf das charakteristische schwarze Fensterband nicht verzichtet. Bei der 2. Bauserie sind keine Blindfenster mehr vorhanden. Um den Charakter hier beizubehalten, wurde das Fensterband an den Zwischenstellen schwarz lackiert. Die Außenscheibe besteht aus zwei einzelnen Gläsern, dem Sicherheitsglas und dem Glas aus Verbund-Sicherheitsglas. Zwischen den Innen- und Außenscheiben wurde eine dicke Folie aus Polyvinylbutyral (PVB, verbindet die zwei Scheiben zu einem Verbund-Sicherheitsglas) angebracht. Die Innenscheibe besteht ebenfalls aus zwei Gläsern, die mit einer Gießharz-Zwischenschicht zu einem Verbund-Sicherheitsglas verbunden sind. Die Blindfenster bestehen aus einem sechs Millimeter starken Sicherheitsglas mit Siebdruck und Splitterschutzfolie.

Ein schwarzer Keramik-Siebdruck verleiht dem ICE T ein besonderes Aussehen. So erkennt man den ausgerundeten Fensterrahmen besonders gut. Auch die ICE-T-Züge wurden mit Notausstiegsfenstern (der Firma Trösch in Biel/Schweiz) versehen. Die Frontscheiben werden in einem aufwendigen Verfahren hergestellt und sind zweigeteilt. Die Stärke beträgt 1,35 cm, und sie besteht aus Verbund-Sicherheitsglas. Der obere Teil der Frontscheibe ist getönt.

Neu beim ICE T sind die sogenannten Dritteleinstiege. Sie sind deshalb entstanden, damit an den betreffenden Wagenkastenenden elektrische

TECHNISCHE DATEN

ICE T

Sitzplätze gesamt:
Baureihe 411: 382
Baureihe 415: 250

Sitzplätze 1. Klasse
Baureihe 411: 53/55
Baureihe 415: 41

Sitzplätze 2. Klasse
Baureihe 411: 304/335
Baureihe 415: 209

Restaurant: 24

Kosten je Zug: 11,8 Mio. €

Anzahl der Züge:
Baureihe 411: 59 (60 gebaut)
Baureihe 415: 11

Zugbeeinflussungssysteme

In den Baureihen 411 und 415 sind die Funktionen der PZB 90 (punktförmige Zugbeeinflussung) und der LZB (linienförmige Zugbeeinflussung) eingebaut. Beide Funktionen werden von dem Gerät LZB 80/16 ausgeführt. Die PZB kommt zum Einsatz auf konventionellen PZB-Strecken oder beim Ausfall der LZB. Die dafür wichtigen PZB-Magnete sind seitlich in Fahrtrichtung rechts an den Enddrehgestellen befestigt. Auf LZB-Strecken (ab 160 km/h) kommt die LZB zum Einsatz. Die LZB-Streckenzentrale errechnet aus den Daten von Strecke und Fahrzeug die erforderlichen Fahrbefehle und sendet diese als fahrzeugselektive Telegramme über einen in der Gleismitte verlegten Linienleiter an das Fahrzeug. Jeder Endwagen hat dazu an jedem Wagenende an beiden Drehgestellen je zwei Sende- und Empfangsantennen.

Geräte untergebracht werden konnten, die unterflur aufgrund der zusätzlichen Neigetechnik keinen Platz mehr hatten. Dieser Bereich wurde jedoch genutzt für Klappsitze, große Gepäckablage, WCs. Auch beim ICE kamen vollautomatische Türen der Firma Bode zum Einsatz. Die elektropneumatisch betätigten Schwenkschiebetüren der Dritteleinstiege haben eine Öffnung von 90 cm, während die Türen der Endeinstiege eine Öffnung von 80 cm aufweisen. Im Innenraum wurden elektropneumatisch betätigte und durch Bewegungsmelder gesteuerte Türen verwendet. Diese besitzen auch einen Einklemmschutz. Die Schiebetüren bestehen aus Einscheiben-Sicherheitsglas mit einer Stärke von zehn Millimetern. Innenverkleidung und Sitze wurden vom ICE 3 übernommen. Die Haupt- und Notbeleuchtung entspricht weitgehend der des ICE 3. Der ICE T verfügt über ein geschlossenes Toilettensystem, die Anlage ist druckdicht. Der ICE Baureihe 411 verfügt über neun, die Baureihe 415 über sechs Toiletten.

Die FCKW-freie Klimaanlage wurde nach UIC-Vorschriften ausgelegt. Sie gewährleistet ein angenehmes Raumklima bei Außentemperaturen von -20 bis +32 Grad. Die Funktionsweise der Klimaanlage lässt sich wie folgt beschreiben. Durch Gitter saugt ein im Dach (über dem Servicebereich) eingebautes Klima-Kompaktgerät mit Heizregister und Kälteaggregat die Außenluft an und mischt diese mit der Umluft. Die entsprechend aufbereitete und temperierte Luft wird dann im Heizbetrieb über seitliche Deckenkanäle befördert und über Bodenkanäle im Fußboden- und Fensterbereich ausgeblasen. Im Kühlbetrieb erfolgt das Einleiten und Ausblasen der Luft über einem mittig angeordneten Deckenkanal in der Lochdecke, sowie am Boden und am Fenster. Die Abluft wird dann an beiden Großraumenden über Durchlässe im Service- bzw. Einstiegsbereich abgeführt und über ein Fortluftgerät ins Freie geblasen.

Fortluftgerät und Klima-Kompaktgerät sind mit einem Druckschutz ausgerüstet. Im Druckschutzfall gewährleisten sie die Versorgung des Fahrgastraumes mit Frischluft. Umluftheizkörper in den Toiletten, im Servicebereich und in den Einstiegsbereichen sorgen zusätzlich für die Temperierung. Damals gab es noch Raucher- und Nichtraucherbereiche, sodass eine gezielte Raumluft- und Abluftführung realisiert werden musste. In den Endwagen T1/T mussten aufgrund der abgesenkten Dachwanne die Geräte anders angeordnet werden. Das Fortluftgerät befindet sich beispielsweise nicht im Dach, sondern in der jeweiligen rechten Seitenwand. Dies ist erkennbar durch das schwarze Gitter außen am Fensterband.

Wagenausstattungen im Detail

Baureihe 411.0/415.0, Wagenordnungsnummer X8

Dieser Wagen teilt sich auf in Führerstand, Lounge der 1. Klasse, Einstiegsraum, Großraum der 1. Klasse und Verbindungsraum.

Baureihe 411.1, Wagenordnungsnummer X7

Der Wagen besitzt 1. und 2. Klasse. Er bietet 59 Sitzplätze an. Der Wagen ist unterteilt in den Servicebereich, den Einstiegsraum, den Großraum 1. Klasse und 2. Klasse. Der Servicebereich am Wageneinstieg bietet zwei Toiletten, Abfallbehälter sowie zwei große Gepäckablagen.

Baureihe 415.1, Wagenordnungsnummer X7

Der Bistro-Wagen 2. Klasse bietet 22 Sitzplätze. Die Inneneinrichtung besteht aus dem Servicebereich, dem Einstiegsraum, der Galley, dem Bistro, dem Großraum der 2. Klasse und dem Verbindungsgang.

Baureihe 411.2, Wagenordnungsnummer X6
Das Bistro verfügt über eine Ausgabetheke (und Galley) und bietet Rückenstützen sowie einen Stehtisch an. Im Restaurant stehen 24 Sitzplätze zur Verfügung, wobei auch die Möglichkeit vorgesehen ist, Kindersitze aus Holz anzubringen (an der ersten und letzten Doppelsitzbank). Das Kleinkindabteil verfügt über sechs Sitzplätze, die Einrichtung ist wie im Servicewagen der Baureihe 415.1. Im Anschluss an das Kleinkindabteil folgen eine Toilette sowie eine Personalgarderobe.

Im Triebzug 1129 „Kiel" wird der Fahrgast mit dieser neuen Ausgabetheke überrascht. Auch das Farbkonzept wurde umgestellt. Bisher ist es noch ein Versuchszug.
Foto: Claudia Franke

Baureihe 411.8, Wagenordnungsnummer X4
Dieser Wagen bietet Platz für 64 Fahrgäste.

Baureihe 411.7/415.7, Wagenordnungsnummer X3
Der Mittelwagen, Baureihe 411.7/415.7 ist als 2. Klasse ausgelegt. Er hat 62 Sitzplätze.

Baureihe 411.6/415.6, Wagenordnungsnummer X2
Der Wagen 2. Klasse der Baureihe 411.6/415.6 hat 62 Sitzplätze. Für Rollstuhlfahrer bietet sich hier vor dem Service-Bereich ein Rollstuhlplatz mit einem höhenverstellbaren Tisch an.

Baureihe 411.5/415.5, Wagenordnungsnummer X1
Der Endwagen T, Baureihe 411.5/415.5 bietet 63 Sitzplätze 2. Klasse. Dieser Wagen teilt sich auf in einen Großraum, Einstiegsraum, Lounge und einen Führerraum. Das Besondere an diesem Wagen war der sogenannte „Quick-Change-Bereich". Die Sitzplätze im Großraumwagen konnten so bei Bedarf schnell ausgebaut werden, um Fahrradständer zu installieren.

Ebenso im Triebzug 1129 „Kiel": das umgebaute Bordrestaurant mit gesetzteren und edleren Farben an den Wandverkleidungen sowie den Sitzbezügen und einem neuen Teppich.
Foto: Claudia Franke

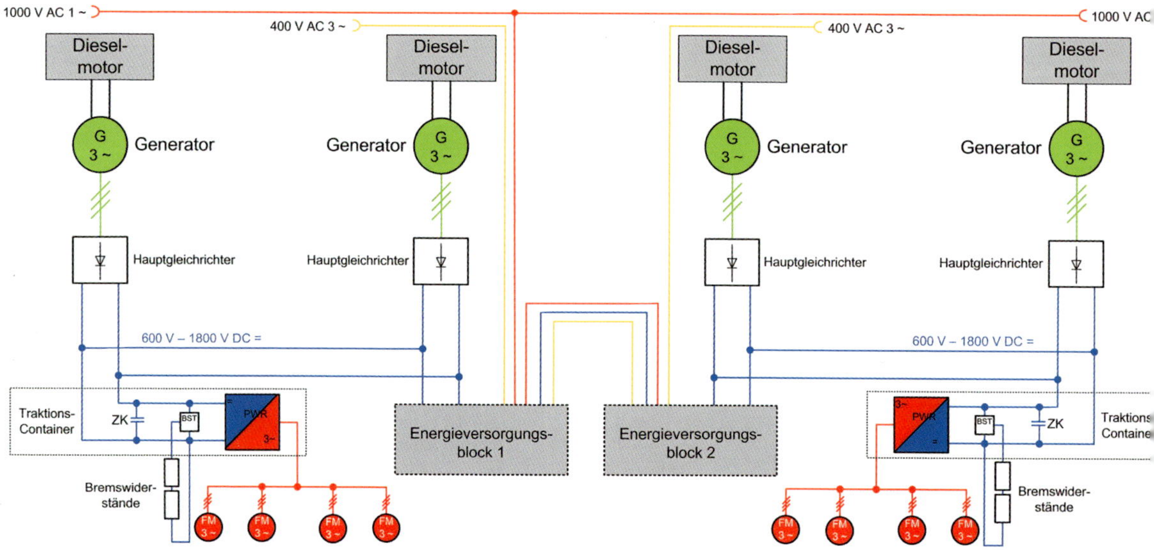

Prinzipdarstellung des Hauptstromkreises der Baureihe 605. Jeder Wagen besitzt einen Generator, der durch einen Dieselmotor angetrieben wird. Diese Generatoren erzeugen in Abhängigkeit der Drehzahl und dem Erregerstrom eine dreiphasige Wechselspannung. In den danach angeordneten Hauptgleichrichtern wird diese dreiphasige Wechselspannung dann in eine Gleichspannung umgewandelt. Hiermit werden dann Energieversorgungsblöcke und Traktionscontainer versorgt. In diesen Traktionscontainern wird dann die dreiphasige Wechselspannung mit variabler Frequenz für die Fahrmotoren hergestellt.
Skizze: Claudia Franke

DIE DIESELVARIANTE DES ICE T

ICE TD

Das Sorgenkind der ICE-Flotte wurde wegen technischer Probleme jahrelang abgestellt. Erst zur Fußball-WM 2006 wurden die Diesel-Triebzüge wieder reaktiviert.

Der Fahrzeug- und Wagenkasten entspricht weitgehend dem des ICE T. Das gilt auch für die Leittechnik, die Ausstattung und das Design der Fahrzeuge. Die wichtigsten Unterschiede sind der anderen Traktionsart geschuldet. Um die schweren Diesel-Aggregate aufnehmen zu können, wurde die Bodenplatte an den Seiten mit verstärkten Langträgern mit durchgehenden C-förmigen Nuten verstärkt. Ein weiterer wesentlicher Unterschied ist die Zuluftöffnung. Beim ICE TD befindet sich diese in der Seitenwand. Beim ICE T wird die Fortluft aus dem Dachbereich abgesaugt.

Die Traktionsanlage im ICE TD

Jeder Wagen wird durch eine 560 kW starke Sechs-Zylinder-Cummins-Dieselmotor-Einheit angetrieben, die auf einem gemeinsamen Tragrahmen unterflur angeordnet ist. Diese Einheit mit allen angeschlossenen Geräten nimmt unterflur etwa die Hälfte des Platzes ein. Gummi-Metall-Elemente unterhalb des Fahrzeugbodens sorgen für eine geringe Körperschallübertragung.
Die Dieselmotoren QSK-19 von Cummins sind wassergekühlt. Ihre Gesamtleistung beträgt 2.240 kW. Die Verbrennungsluft wird durch einen Luftfilter im Schürzenbereich angesaugt. Diese Verbrennungsluft wird anschließend zum Ladeluft-/Luftkühler geführt, wo sie dann auch gleich in den Einlasskrümmer in die Einlassventilöffnungen des Motors gelangt. Der Motor erfüllt alle Abgasvorschriften nach Euro-2-Norm.

605 006 trägt als bisher einziger 605 die Farben der Danske Statsbaner (DSB), hier verlässt er als ICE 34 (Kopenhagen-Hamburg) am 9. Juli 2014 die Fähre in Puttgarden.

Foto: Christian Stolze

Jeder Antriebsanlage ist ein Kraftstoffbehälter mit 1.000 l zugeordnet. Dieser wird über seitliche Verschlussfüllstutzen befüllt.
Der Kraftstoff wird über dieselmotorinterne Kraftstoffpumpen über die Saugleitung, die Rückschlagklappe und die beiden Kraftstofffilter der Einspritzanlage zugeführt. Über eine weitere externe Pumpe wird der Kraftstoff bei weniger als fünf Grad Umgebungstemperatur einem Kraftstoffwärmetauscher zugeführt, der dann den Kraftstoff erhitzt. Ferner sorgt ein Thermostat für die Abkühlung des Dieselmotorkühlwassers, welches dann beim Erreichen bestimmter Temperaturen durch einen Wasserkühler läuft. Der Dieselmotorkühl- und -heizkreislauf ist durch ein Wasser-Frostschutz-Gemisch vor dem Einfrieren geschützt.
Die Steuerung der Dieselmotoren erfolgt über das Zentrale Steuergerät (ZSG), die Antriebssteuerung (ASG), den Fahrzeugbus (MVB), das Power Interface Modul (PIM) (als zentrale Schnittstelle zwischen Fahrzeugsteuerung und Dieselmotor) sowie das mikroprozessorgesteuerte Motormanagementsystem Cummins Celect-Electronic Control Modul (EMC).
Beim ICE TD kommen keine Pendolino-Neigedrehgestelle zum Einsatz, sondern neu entwickelte luftgefederte Trieb- und Laufdrehgestelle mit Neigetechnik. Diese Drehgestelle wurden unter der Federführung von Siemens Verkehrstechnik in Erlangen bei Siemens-SGP in Graz entwickelt. Das Drehgestell setzt sich aus den Teilen Drehgestellrahmen, Pendelträger, Neige-Traverse, elektromechanischem Stellglied, Querzentrierung, Radsätze mit Lagerung und der Primärfederung, der Sekundärfederung und dem Antrieb zusammen.

Kupplung und Übergänge beim ICE TD

Die Frontkupplungen entsprechen weitgehend der Baureihe 411/415. Unterschiede gibt es jedoch bei den Kupplungsköpfen. Hier fanden Köpfe der Firma Dellner Verwendung. Diese Köpfe sind mit allen Baureihen ab 403/406 kompatibel. Beim ICE TD werden die Kurzkupplungen nicht wie beim ICE TD über eine Schalenmuffe miteinander verbunden, sondern über jeweils eine Augenschraube mit einer splintgesicherten Kronenmutter.

TECHNISCHE DATEN

ICE TD (Baureihe 605)
Zusammenstellung: 2 Endwagen, 2 Mittelwagen
Maximal erreichte Geschwindigkeit: 222 km/h
Betriebliche Höchstgeschwindigkeit: 200 km/h
Baujahre: 1998–2000
Spurweite: 1.435 mm
Zugleitsysteme: LZB 80, PZB, ZUB 262, Integra, Eurobalise
Zuggewicht leer: 237 t
Motoren: Cummins QSK 19-R
Fahrmotoren-Dauerleistung: 4 x 560 = 2.240 kW
Kosten je Zug: 7,5 Mio. €
Anzahl der Züge: 19 (20 gebaut, 1 bereits ausgemustert)

Auf einer Testfahrt im Prüf- und Testcenter in Wegberg-Wildenrath wurde dieser 407 angetroffen.
Foto: Siemens

Baureihe 407 – der Nachfolger des ICE 3

Eine kompaktere Gestaltung der Frontpartie ist beim 407 zweifelsfrei zu erkennen. Neu und auffällig sind nun die horizontal öffnungsfähigen Bugklappen. ICE 513 am 16. Juli 2014 in Augsburg Hbf.

Foto: Claudia Franke

DER VELARO VON SIEMENS

Die Konstruktion des 407

Die neue Baureihe 407 stellt eine Weiterentwicklung des ICE 3 (Baureihe 403) dar. Die gehört zur Velaro-Familie von Siemens und wird als Velaro D bezeichnet.

Neben der Türkei, China, Russland und Spanien ist der 407 die fünfte Variante aus der Familie der Velaro. Er ist für eine Geschwindigkeit von bis zu 320 km/h zugelassen. Die Züge wurden als Verstärkung der Flotte bestellt und sollten seit Dezember 2011 im Einsatz sein. Es kam jedoch zu erheblichen Lieferverzögerungen, sodass erst zum Winter 2013 die ersten vier Triebzüge in Dienst gestellt wurden und zwischen Stuttgart/Frankfurt und Köln verkehrten.

Der Betriebseinsatz ist für Deutschland, Belgien und Frankreich vorgesehen. Schweiz und Niederlande sind optional und nachrüstbar. Im April 2014 waren acht der 16 Triebzüge an die DB AG übergeben. Sie sind nicht mehr für eine Auslandszulassung vorgesehen. Die restlichen acht Triebzüge befinden sich noch in Zulassung für das Ausland, genauer: Frankreich und Belgien. Die komplette Zulassung für Infrabel (Belgien) wird nicht vor 2016 abgeschlossen sein. Im Mai 2015 folgt der 17. Triebzug, der den in die Türkei abgegebenen 407 001 ersetzen wird.

Ab Sommerfahrplan 2014 verkehren alle acht Triebzüge in festen Umläufen und entlasten somit die Flotte der 403/406. Derzeit ist der 407 nur in Einzeltraktion bzw. artrein in Doppeltraktion fahrbar. In Kombination mit 403 und 406 ist das zwar geplant, aber derzeit noch nicht möglich.

Der 407 besteht aus acht Mittelwagen, davon sind jeweils vier angetrieben. Wie beim 403 bilden jeweils die ersten vier Mittelwagen eine Traktionseinheit (TE). In den Endwagen befinden sich die beiden Führerstände.

Führerstand und Zugbeeinflussungssysteme

Der 407 ist wegen seines geplanten Auslandseinsatzes nach Belgien und Frankreich mit verschiedenen Systemen ausgestattet. Für Deutschland

TECHNISCHE DATEN

ICE 407 Velaro

- Fahrzeugbegrenzung: UIC 505-1
- Hersteller: Siemens
- Zusammenstellung: 8-teiliger Triebzug
- Betriebliche Höchstgeschwindigkeit: 320 km/h
- Höchstgeschwindigkeit Gleichstrom: 220 km/h
- Baujahre: 2009–2012
- Inbetriebnahme: 23.12.2013
- Spurweite: 1.435 mm
- Zugleitsysteme: ETCS (International), LZB, PZB 90 (Deutschland), TBL 1 und 2 (Belgien), TVM, Brosse, KVB (Frankreich), Integra, ZUB (Schweiz)
- Zuggewicht leer: 454 t
- Dienstmasse: 495 t

sind die Systeme LZB und PZB 90 eingebaut, für Belgien TBL 1 und 2, für Frankreich Brosse, KVB und TVM. Für den optionalen Einsatz in der Schweiz sind Integra und ZUB vorbereitet. Für den möglichen Einsatz in den Niederlanden kann die ATB nachgerüstet werden. ETCS Level 0, 1 und 2 sind für den Betrieb in allen Zielländern vorhanden, und ETCS ist das Master-System.

Die verschiedenen Anzeigesysteme der jeweiligen Zugbeeinflussungssysteme sind ähnlich der Baureihe 406 im Führerstand untergebracht. Ähnlich wie in den mit ETCS ausgestatteten Fahrzeugen der Baureihe 411 kommt auch im 407 ein zweigeteiltes MFD zum Einsatz. Das bisherige MFA mit Leuchtmelder und analogen Tacho- sowie Fahr-/Bremsanzeigen ist im MFD digital dargestellt. Das MFD ist über den MVB mit der Leittechnik verbunden, besitzt zudem verschiedene serielle Schnittstellen und eine Audioschnittstelle für Sound-Ausgaben.

Der Führerstand befindet sich nun, anders als beim 403/406, abgetrennt vom Fahrgastbereich. Eine Lounge existiert nicht mehr. Hinter dem Eingang Richtung Führerstand sind verschiedene Schränke und Geräteschränke im Technikraum untergebracht. Der Führerstand selbst ist mit einer nicht durchschaubaren Tür mit Panikschloss verschlossen und vom Technikraum abgetrennt.

Der Führerstand selbst vermittelt einen weitläufigeren Eindruck als der im 403. Der Lokführer sitzt nun nicht mehr direkt in und unterhalb der Frontscheibe wie beim 403. Diese wurde auf das sichtbare Blickfeld des Lokführers reduziert und wirkt daher schmaler, was auch durch die dicken Wandverkleidungen verstärkt wird. Die Scheibe besteht aus 24 mm dickem Glas und ist von innen mit einer Folie versehen. Diese Folie soll im Notfall das Splittern verhindern. Jedoch ist sie empfindlich, und im Bedarfsfall muss die komplette Frontscheibe ausgetauscht werden. Die Scheibe ist für eine Fahrtgeschwindigkeit bis zu 360 km/h zugelassen.

Weiterhin gibt es ein verstellbares Fußbodenpodest, in dem die Sifa und das Makrofon-Pedal eingebaut sind. Außerdem gibt es nun ein separates Ebula-Display sowie zwei maschinentechnische Displays (MTD) und das

Die erste Designstudie aus dem Jahre 2008 gleicht dem endgültigen 407.

Foto: Siemens

Eine Lounge gibt es beim 407 nicht mehr. Anstelle dieser ist nun ein Technikraum vorhanden, der dann an den Führerstand angrenzt.

Foto: Claudia Franke

Der Führerstand des 407. Die Frontscheibe ist dem Blickfeld des Lokführers angepasst worden. Auch sonst gibt es viele Neuerungen, die man nach Erfahrungen mit dem 403 verbessert hat.
Foto: Claudia Franke

zweigeteilte MFD. An der Rückwand des Führerstandes befinden sich nun die Störschaltertafel sowie verschiedene Anzeigen wie Batteriespannungsanzeige und Kilometerzähler.

Am seitlichen Ansatz des Führerpults befinden sich die bisher bekannten Anzeige- und Bedienelemente wie zum Beispiel das HL-/HBL-Manometer, die Drucktasten für die Federspeicherbremsen oder Trittstufen, die Notsteuerung des Zuges und einige andere.

Ein separater Begleitersitz mit kleinem Klapptisch befindet sich auf der linken Seite hinter dem Lokführer.

Der Bremskraftsteller („Führerbremsventil") wurde mit einem passenden Zisch-Geräusch unterlegt, was etwas gewöhnungsbedürftig erscheint. Insgesamt jedoch macht der Führerstand einen guten und ergonomischen Eindruck, und der Wegfall der Lounge stößt bisher auf wenig Widerstand.

Blick in die Zugfertigung im Siemens-Werk in Uerdingen. Hier wurden die Wagenkästen des Velaro produziert.
Foto: Siemens

Wagenkasten

Der Wagenkasten setzt sich zusammen aus der Grundplatte, dem Längsträger, den Seitenwänden und dem Dach. Die Bauteile sind als Aluminiumgroßprofile in Schweißbauweise ausgeführt. Diese Bauweise sorgt zum einen für geringere Instandhaltungskosten, da die Oberflächen glatt sind und beispielsweise nur ein Fleckspachteln erforderlich ist. Zum anderen wird eine hohe Maßhaltigkeit erreicht. Alle Bauteile werden teilweise automatisiert zusammengeführt.

In der Montage wurden die Fahrzeuge grundiert, lackiert und mit allen benötigten Unterflurcontainern ausgestattet. Der Lack besteht aus vier Schichten. Der Grundierung als Korrosionsschutz, dem Füller als vorbereitendes Design, dem Basislack als Farbgebung für das Design und dem Klarlack als Schutzschicht.

An den Wagenenden befinden sich Einzüge, durch die die Profilfreiheit (UIC 505) gewährleistet wird. In diesen Bereichen wurden Außentüren eingebaut.

Der Kopf des 407 besteht aus geraden Strangpressprofilen in Käfigbauweise. An der Spitze des Kopfes wurde ein Crashmodul angebracht. Nach kleineren Unfällen ist durch den einfacheren Austausch das Fahrzeug wesentlich schneller wieder einsatzbereit. Insgesamt erfüllt der 407 nicht nur die Forderungen aus der TSI, sondern auch aus der DIN EN 15227 (Anforderungen an die Kollisionssicherheit von Schienenfahrzeugkästen). Das gesamte Fahrzeug wurde außerdem so verbessert (z. B. im Bereich der Dachaufbauten oder der Wagenübergänge), dass der Luftwiderstand geringer ist.

Um Schäden durch Schotterflug zu vermeiden, wurden bei den 407 verschiedene Maßnahmen umgesetzt. So wurden beispielsweise Geber und Sensoren zusätzlich mit einer Abdeckung geschützt, Deflektorbleche sorgen im Unterflurbereich, an Antennen und Drehgestellen für den nötigen Schutz vor Schäden. Wagenübergänge wurden nach unten hin geschlossen, was als Schutz für die Kabel dient.

Modern und etwas eigenwillig scheint die Gestaltung der Frontpartie. Hier sind zwei gekuppelte 407 am 14. Juli 2014 in München zu sehen. Derzeit verkehrt der 407 als ICE 513/516 einmal täglich nach München.
Foto: Claudia Franke

Kupplung und Übergänge

Für das Bilden von Doppeltraktion besitzt der 407 eine Schaku Typ 10. Sie ist Standard für Hochgeschwindigkeitszüge und ist Bestandteil der TSI-Normen. Sie kann Zugkräfte bis zu 1.000 kN und Druckkräfte bis zu 1.500 kN übertragen. Derzeit (September 2014) ist nur eine Zulassung für Doppeltraktion 407/407 vorhanden. Die Zulassung für 407 mit 403/406 ist derzeit noch nicht absehbar.

Die Bugklappen beim 407 öffnen nun nach oben und unten („Fischmaul"). Sie werden durch je zwei Druckluftzylinder geöffnet. Die Mittelstellung der Bugkupplung wird dabei überwacht. Durch die Bauform des Fahrzeugkopfes muss die Bugkupplung nicht mehr teleskopiert werden wie beim 403/406. Beim Kuppelvorgang werden sämtliche Leitungen automatisch miteinander verbunden, die Kupplung ist somit elektropneumatisch. Für den Lokführer und das Werkstattpersonal gibt es eine Bugraumbeleuchtung, die bei Bedarf eingeschaltet werden kann.

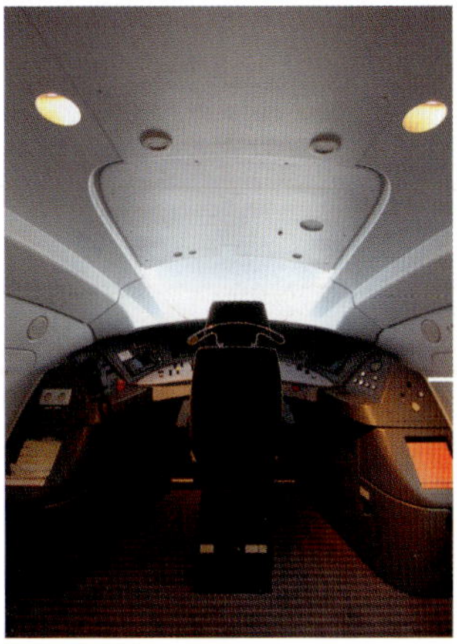

Der Führerstand wirkt fast futuristisch. Der Lokführer hat nun seine Arbeitsmittel in direkter Reichweite.
Foto: Claudia Franke

Die Bugklappen werden elektropneumatisch mit vier Druckluftzylindern geöffnet und geschlossen. Verriegelungen in den Zylindern halten die Bugklappen auch bei Ausfall der Druckluft geöffnet.
Foto: Claudia Franke

Die Bugklappen können im Störungsfall und bei vorhandener Druckluftversorgung im Fahrzeug mit Druckluft aus dem Makrofonvorratsbehälter zwangsgeöffnet werden. Besitzt das Fahrzeug nicht mehr genügend Druckluft, können die Bugklappen mit einer Pressluftflasche geöffnet werden. Die Anschlüsse über Ventile befinden sich im Führerstand. Endlageverriegelungen halten die Klappen auch bei Ausfall der Druckluft in Stellung, um Beschädigungen zu vermeiden. Mittels Schwenksicherungsbolzen können die Bugklappen zudem mechanisch arretiert werden. Die Kurzkupplungen verbinden die Mittelwagen untereinander und sind nur von der Werkstatt trennbar.

Um im Störungsfall von einer Lok abgeschleppt zu werden, befinden sich im 407 zwei Übergangskupplungen. Diese sind in den TW 02 und 07 untergebracht. Sie bilden eine mechanische Verbindung zur Lok. Vorhandene HL- und HBL-Leitungen dienen zum Kuppeln mit dem Abschlepp-Fahrzeug. Beim 407 befindet sich oberhalb der Schaku noch die Steckdose für die IS-Leitung.

TECHNISCHE DATEN

ICE 407 Velaro

Länge Triebzug über Kupplung: 200,72 m

Breite: 2.924 mm

Höhe: 4.343 mm

Achsfolge: Bo'Bo'+2'2'+Bo'Bo'+2'2'+2'2' +Bo'Bo'+2'2'+Bo'Bo'

Achslast: unter 17 t

Fahrdrahtspannung: 15 kV / 16,7 Hz (AC), 25 kV / 50 Hz (AC), 1,5 kV (DC), 3 kV (DC)

Fahrmotoren: Drehstrom-Asynchronmotoren

Maximale Leistung am Rad: 8.000 kW (AC) 4.200 kW (DC)

Maximale Anfahrzugkraft: 300 kN

Wagenübergänge

Der Wagenübergang besteht aus Wellenbalg, Gliederbrücke, Kurzkupplung und Übergangskabel. Der Wellenbalg hat verschiedene Funktionen. Er stellt unter anderem die Verbindung zwischen den Wagen her und ermöglicht für die Fahrgäste einen komfortablen Übergang. Außerdem gleicht er die Bewegungen der Wagen zueinander aus. Er hält zudem die Druckertüchtigung aufrecht.Die Gliederbrücke hingegen bildet das bodenseitige Verbindungselement zwischen den Wagen. Durch sie werden auch Querbewegungen ausgeglichen. Durch den geringen Höhenunterschied ist er für Trolleys und Rollstuhlfahrer gut befahrbar.

Stromabnehmer

Der 407 ist mit vier AC-Stromabnehmern und zwei DC-Stromabnehmern ausgestattet:

- Deutschland: 1.950 mm AC (SA 3 und 5)
- Frankreich: 1.450 mm AC 25 kV und Belgien 1.450 mm AC 25 kV (SA 2 und 4)
- Frankreich: 1.950 mm DC 1,5 kV und Belgien 1.950 mm DC 3 kV (SA 1 und 6)

Die Stromabnehmer besitzen verschiedene Sonderfunktionen. Dazu zählen:

- Automatische Stromabnehmersenkeinrichtung, die beim Brechen der Schleifleiste auslöst und den Bügel senkt
- Systemerkennung in jedem Stromabnehmer, diese vergleicht die Oberleitungsspannung mit der vom Tf freigegebenen und gibt die jeweiligen Hauptschalter frei
- zuschaltbare Anpressdruckumschaltung und Anpressdruckumschaltungsüberwachung (nicht für die schmalen Bügel Frankreich/Belgien)
- Steighöhenbegrenzung und Steighöhenbegrenzungsüberwachung (bei den schmalen Bügeln für Frankreich/Belgien)
- Ein Stromabnehmer-Trennschalter DC schützt die DC-Anlage vor unzulässigen hohen Netzspannungen. Der Trennschalter schaltet in Betrieb, sobald der DC-Stromabnehmer gehoben und die Systemerkennung DC erkannt hat.

Der Stromabnehmer-Trennschalter AC ist bei einem gesenkten Stromabnehmer AC geerdet, um die Gefahr eines elektrischen Schlages beim Berühren der Wippen am Bahnsteig auszuschalten.

Leittechnik

Ein Triebzug besteht aus zwei Traktionseinheiten, die jeweils aus vier Wagen bestehen. Die vier Wagen innerhalb einer Traktionseinheit sind mittels MVB, Multifunction Vehicle Bus, miteinander verbunden. Beide Traktionseinheiten eines Triebzuges sind über den WTB, Wire Train Bus, miteinander verbunden. Der WTB ist dabei als redundante Zweidrahtleitung ausgeführt. Der WTB verbindet bei einer Doppeltraktion aus zwei

Ein Blick vom Bahnsteig aus zwischen die Mittelwagen. Die Faltenbälge dienen u.a. zur Schalldämmung für die Fahrgäste im Zug. Wichtige Verbindungen und Leitungen sind verkleidet am Übergang untergebracht.

Foto: Claudia Franke

TECHNISCHE DATEN

ICE 407 Velaro

Sitzplätze: 460 (1. Klasse 111, 2. Klasse 333, Bistro: 16)

Traktionsfähigkeit Doppeltraktion:
Baureihe 407 + Baureihe 407
Baureihe 407 + Baureihe 403
Baureihe 407 + Baureihe 406

Kosten je Zug: 33 Mio. €

Anzahl der Züge: 17, 1 in die Türkei abgegeben

Zur Bilanzpressekonferenz am 29. März 2012 in Berlin hatte der DB-Vorstandsvorsitzende Rüdiger Grube ein Modell des Velaro D mitgebracht. Jetzt endlich sind die Triebzüge im Einsatz!
Foto: DB/Pablo Castagnola

Treffen der ICE-Generationen in Hannover Hbf am 7. Juni 2011, 401 060 begegnet 407 501 und einer weiteren „Nase".
Foto: Christian Stolze

Triebzügen auch diese beiden Fahrzeuge und übernimmt dabei die triebzugübergreifende Kommunikation.
Der MVB ist an allen elektrischen Subsystemen angeschlossen. Dazu zählen beispielsweise ASG, BSG und EVB. SIBAS-KLIP-Stationen verbinden die verschiedenen Funktionen mit der Fahrzeugsteuerung.

Das zentrale Steuergerät (ZSG)

Das ZSG übernimmt die übergeordneten Steuerungs- und Überwachungsaufgaben des Zuges. In jeder Traktionseinheit sind zwei ZSG vorhanden. Sie sind redundant aufgebaut und arbeiten beide gleichzeitig, eins davon übernimmt jedoch die Master-Funktion und das andere die Slave-Funktion. Im Falle einer Störung übernimmt das Slave-ZSG sofort die Funktion als Master-ZSG.
Das Master-ZSG liest die Meldungen von den Subsystemen bzw. vom WTB aus und gibt Steuersignale und Rückmeldungen zurück. Das Master-ZSG übernimmt zudem als Zugmaster-ZSG die Steuerung des gesamten Zuges.
Folgende Aufgaben werden beispielsweise vom Master-ZSG ausgeführt:

- Abschaltprofil in der Bordnetzsteuerung
- Sifa-Funktion
- Überwachen der Sicherheitsschleifen, der Drehgestelldiagnose und der Brandmeldeanlage
- Steuer- und Befehlsvorgabe für diverse Steuergeräte
- Steuern der Betriebszustände des Zuges
- Überprüfen und Ermitteln der Zugkonfiguration (Einzel- oder Doppeltraktion)
- Ansteuern und Überwachen von Hauptschalter und Stromabnehmer
- Traktionssollwertvorgaben für die Antriebssteuergeräte.

Das Zugmaster-ZSG übernimmt noch weitere Aufgaben. Dazu zählen beispielsweise:

- Anbindung der Zugbeeinflussungssysteme an die Zugsteuerung
- AFB-Betrieb
- Kuppeln und Entkuppeln
- Verarbeitung der Stellungen von Bedienelementen in den Führerständen
- Traktionssollwertvorgaben für den gesamten Zugverband.

Diagnose

Die Diagnose besteht aus Rechnern der Leitebene, die über MVB und WTB miteinander verbunden sind. Die Diagnose wird unterteilt in Subsystemdiagnose und übergeordnete Diagnose. Zu der übergeordneten Diagnose zählen ZSG, Maschinentechnische Displays (MTD) und Zub-Display. Die Diagnose meldet Störungen an den Lokführer über Displays sowie Sprachausgabe und bietet geeignete Abhilfemaßnahmen an. Die Instandhaltungsdiagnose generiert im Hintergrund Protokolldateien und Betriebsdaten. Dabei wird jede Störung mit einem eigenen Diagnosecode versehen und mit Uhrzeit (kommt/geht) sowie Einbauort gespeichert. Mittels DFÜ werden diese Daten dann an das nächste ICE-Werk gesendet. Zugpersonal oder dem Bordtechniker können außerdem über die MTD verschiedene Störungen mittels Diagnosecode eingeben, die dann im System für den nächsten Werkstattaufenthalt gespeichert werden.

Sicherheitsfahrschaltung (Sifa)

Die Sifa ist im ZSG integriert. Sie hat die Aufgabe, den Lokführer auf Handlungsfähigkeit zu überwachen. Spricht die Sifa bei Nichtbetätigung

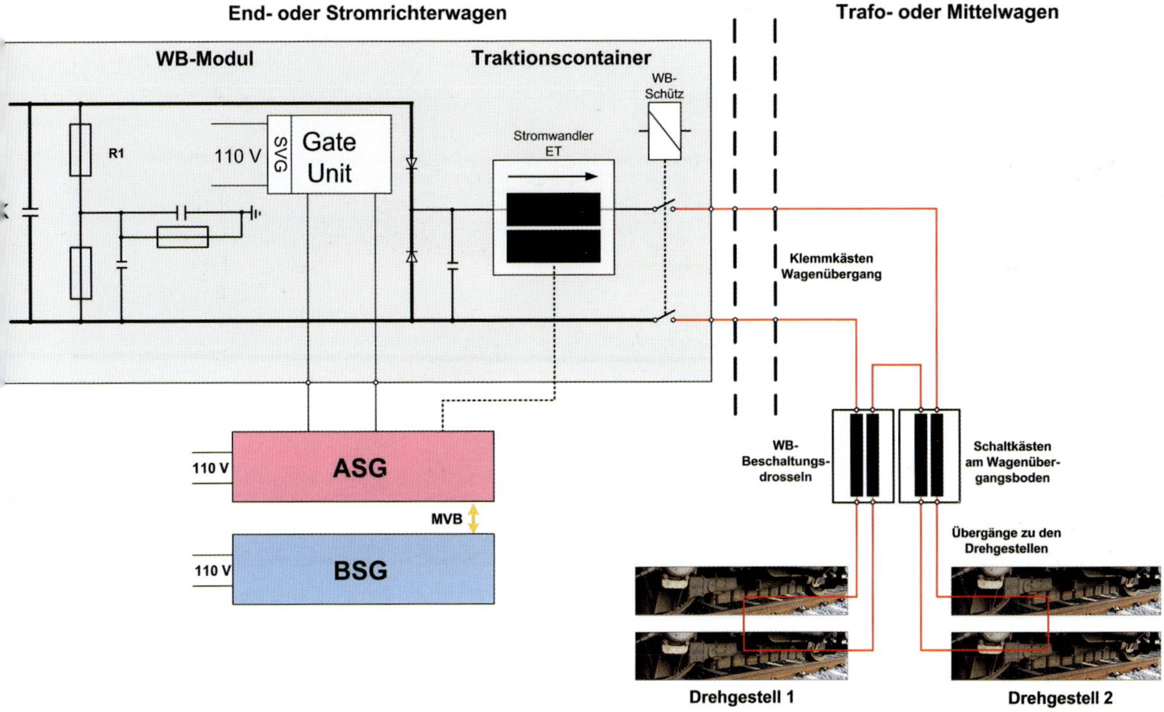

der Sifa-Schalter nach spätestens 32,5 Sekunden an, so teilt das ZSG dies dem Zugbremsmanager über MVB und Sifa-Schleife mit. Dieser gibt den Befehl, eine Vollbremsung und im weiteren Verlauf eine Schnellbremsung einzuleiten. Die Antriebsleistung des Triebzuges wird abgeregelt.

Prinzipdarstellung der Stromversorgung für die Wirbelstrombremsen. Der Traktionszwischenkreis stellt hierbei die Energieversorgung für die Wirbelstrombremsen zur Verfügung. Das Aktivieren der Wirbelstrombremse ist nun, im Gegensatz zum 403 und 406, netzunabhängig möglich. Dies wird durch einen Überspannungsschutz im AC-/DC-Bereich im Stromrichter ermöglicht.
Skizze: Claudia Franke

Antriebssteuergeräte (ASG)

Die Antriebssteuergeräte sind in den Stromrichter- und Endwagen in den Traktionscontainern integriert. Ihre wesentlichen Funktionen sind dabei die Überwachung von Fahrmotoren, Traktionsumrichter und deren Hilfsbetriebe, der elektronische Gleit- und Schleuderschutz, das Ausführen der ZSG- und BSG-Befehle (für Traktion sowie elektrodynamische Bremse und WB-Bremse), die Leistungsversorgung der Bordnetzumrichter sowie das Übermitteln verschiedener Kenngrößen an MTD, ZSG und BSG.

Fahr- und Bremssteuerung

Die Fahr- und Bremssteuerung überwacht die wesentlichen Funktionen und Komponenten für das Fahren und Bremsen. Sie besteht aus den zentralen Bedienelementen auf dem Führertisch, die als Sollwertvorgabe dienen. Dazu zählen der AFB-Vsoll-Steller, der Zugkraftsteller und der Bremskraftsteller. Über das MTD sind weitere Steuerungen möglich (zum Beispiel Bremsprobe).
Weitere Komponenten der Fahr- und Bremssteuerung sind:

- Automatische Fahr- und Bremssteuerung (AFB): Diese ist eine Funktion der übergeordneten Steuerung im ZSG
- Zentrale Weg- und Geschwindigkeitsmessung (ZWG): Übergeordnetes Softwaremodul, welches die Geschwindigkeit und den zurückgelegten Weg mittels Geber feststellt und für verschiedene Systeme zur Verfügung stellt (zum Beispiel Displays)

407 013 verkehrte am 30. Juni 2014 als ICE 712 von Stuttgart nach Köln und wartet hier in Wiesbaden Hbf auf seine Weiterfahrt.

Foto: Christian Stolze

- Fahrwerksüberwachung: Überwachung der Fahrwerke durch Steuergeräte auf Rollüberwachung (RLÜ), Laufstabilitätsüberwachung (LSÜ), Heißläuferüberwachung (HLÜ) sowie Antriebslagerüberwachung (ALÜ)
- Stromabnehmersteuerung: Stromabnehmer und Hochspannungsanlage werden vom ZSG überwacht und gesteuert. Der jeweilige Stromabnehmer, abhängig vom eingestellten Stromsystem, wird freigegeben.

Konventionelle Zugsteuerung

Bestimmte sicherheitsrelevante Signale werden nicht über MVB und WTB übertragen, sondern besitzen eigene Steuerleitungen zur sicheren Übertragung. Diese Steuerleitungen können im Störungsfall auch einzeln vom Lokführer abgeschaltet werden. Sie sind in konventioneller Schaltungstechnik ausgeführt. Dazu zählen sämtliche Sicherheitsschleifen, die Brandmeldeschleife, die Notfahrt-Steuerung, die Batteriesteuerung sowie Not-Aus-Schleifen.

Abläufe bei Brandmeldung:
- **Alarmierung von Lokführer und Zugbegleitern**
- **Not- und Allgemeinbeleuchtung wird eingeschaltet**
- **Wagenübergangstüren werden geschlossen und antriebslos gehalten, um eine Ausbreitung des Rauches bzw. Feuers zu verhindern**
- **Die Klimaanlage wird im betreffenden Wagen ausgeschaltet**
- **Druckschutzklappen werden geschlossen**
- **Die jeweiligen EVB und Traktionscontainer werden ausgruppiert**
- **Die Sprechstellen werden im betroffenen Wagen vom UIC-Bus getrennt**

Brandmeldeanlage und Notsteuerung

Im gesamten Triebzug wurden etwa 40 Rauchmelder verbaut. Diese sollen unter anderem in den WCs, Führerständen, den E-Schränken und in den Fahrgasträumen innerhalb einer Minute mögliche Rauch- oder Brandentwicklung detektieren.

Bei Komplettausfall von MVB und WTB kann der Triebzug – im Gegensatz zur Baureihe 403/406 – bedient und mit reduzierter Geschwindigkeit bewegt werden. So ist es möglich, aus einem Gefahrenbereich (Brand im Tunnel) herauszufahren, sollte einmal die Leittechnik versagen. Der Lokführer aktiviert die Notsteuerung über das MTD. Bremsungen erfolgen nur noch pneumatisch, die Zugkraft wird immer zu 100 % aufgeschaltet.

Drehgestelle

Im 407 wurden verbesserte und weiterentwickelte Drehgestelle des Typs SF 500 verbaut. In den End- und Stromrichterwagen sind Triebdrehgestelle mit je zwei Fahrmotoren vorhanden, in den Trafo- und Mittelwagen

wurden Laufdrehgestelle eingebaut. Diese Drehgestelle bieten höchsten Fahrkomfort. Die Radsätze sind als Monoblock ausgeführt. Die Radsatzwellen besitzen Hohlbohrungen für die Instandhaltung. Mit diesen Hohlbohrungen kann ein Ultraschalltest ausgeführt werden.
Der Drehgestellrahmen ist als offener H-Rahmen aus Baustahl ausgeführt. Als Radsatzführung dient eine Schwingenkonstruktion. Die Primärfederung wird durch zwei ineinandersitzende Schraubenfedern mit einer Flexicoil realisiert. Die Sekundärfederung ist ausgeführt als Gürtelbalg-Luftfedern mit Zusatzvolumen. In diesen Luftfedern ist eine Notfederung vorhanden, die im Störungsfall eine Weiterfahrt ermöglicht.
Stirnradgetriebe mit Bogenzahnkupplung dienen als Drehmomentübertragung von den Fahrmotoren. Jeder Fahrmotor ist dabei querelastisch mit Blattfedersystem am Drehgestell aufgehängt. Hydraulische Schwingungsdämpfer stabilisieren den Lauf auch im hohen Geschwindigkeitsbereich.
An den Laufdrehgestellen sind drei Wellenbremsscheiben mit Bremszange und Federspeicherbremsmodul angebracht. Außerdem befinden sich hier die WB-Bremsmagnete. An den Triebdrehgestellen gibt es Radbremsscheiben sowie die elektrodynamische Bremse. Die Radbremsscheiben sind an der Radscheibe angebracht durch einen zylindrischen Pressverband. Eine Trennung und der Austausch sind möglich durch ein sogenanntes Ölabpressverfahren.
Durch die optimalen Schmierstoffe kann laut Hersteller eine wartungsfreie Laufleistung der Radsätze von rund 1.650.000 km erreicht werden. Die Radsatzlagergehäuse sind elektrisch isoliert, damit sie vom Drehgestellrahmen isoliert sind. Die Spurkranzschmierung vermindert den Verschleiß zwischen Spurkranz und Schiene. Sie wird automatisch gesteuert und spricht nur in Kurven mit einem Radius von weniger als 1.200 m an. Geschmiert wird hierbei nur die Außenschiene.
Die Verbesserungen am SF 500 ist die Neukonstruktion der Radsatzwellen, die Drehgestelle wurden mit Fahrwerksüberwachungs- und Diagnosesystemen ausgerüstet, die Sensorik durch zentrale Kabelübergabeschnittstellen verbessert. Dabei werden Geber- und Sensorleitungen von

Auf der InnoTrans 2010 in Berlin war er der Star: Der Velaro D von Siemens weckte große Erwartungen. Das Design ähnelte dem ICE 3, es war aber auf noch mehr Aerodynamik und weniger Energieverbrauch ausgelegt. Am 22. September 2010 präsentierten Siemens und die Deutsche Bahn gemeinsam den Hochgeschwindigkeitszug der Zukunft, der aber noch viele Hürden zu überwinden hatte.

Foto: Siemens

Ein direkter Vergleich zwischen Baureihe 403 und 407 zeigt die Designunterschiede. Der 407 wirkt futuristisch, der 403 dagegen mit seiner sehr spitzen Form etwas schnittiger.

Foto: Claudia Franke

Der Einstiegsbereich im 407. Das ovale Fenster ist nicht mehr in der Tür vorhanden. Die Einstiegsstufe wird nun mit blauen LEDs beleuchtet.

Foto: Claudia Franke

den Radsatzlagergehäusen geschützt zwischen dem Langträger des Rahmens zum Wagenkasten geleitet. Somit ist eine Beschädigung durch Schotterflug oder andere äußere Einflüsse auf das Minimum reduziert. Durch die neue Sensorik sollen sich entwickelnde Schäden schneller erkannt und behoben werden, als dies starre Instandhaltungsmethoden erreichen. Diese müssen genau nach den Laufkilometern des Triebzuges eingeplant werden. Nach dem Achsbruch in Köln im Juli 2008 stellt diese Verbesserung einen großen Fortschritt dar.

Die Laufwerksüberwachungen nach TSI, die mittels verschiedener Sensoren am und im Drehgestell realisiert werden, sind:

- Rollüberwachung (RLÜ): Hier wird mittels Gleitschutzes das Blockieren eines Radsatzes überwacht. Bei Fehlermeldung wird eine Rollprobe während der Fahrt oder im Stillstand durchgeführt.
- Laufstabilitätsüberwachung (LSÜ): Die Laufstabilität wird mittels zweier Beschleunigungssensoren pro Drehgestell überwacht. Diese messen die Beschleunigung in Querrichtung. Die Funktionalität der LSÜ ist im BSG integriert.
- Heißläuferüberwachung (HLÜ): Zwei unabhängige Temperaturfühler je Radsatzlager messen die Temperaturen, die im ZSG verglichen und ausgewertet werden. Weitere Maßnahmen erfolgen je nach voreingestellten Werten.
- Antriebslagerüberwachung (ALÜ): Hierbei werden Fahrmotoren und Getriebelager auf Temperatur überwacht. Die ASG melden hierbei mögliche Temperaturüberschreitungen an das ZSG, weitere Maßnahmen werden automatisiert eingeleitet.

Bremssystem

Der 407 besitzt ein leistungsfähiges Bremssystem, das allen Anforderungen in den Einsatzländern gerecht wird. Es gewährleistet eine hohe Ausfalltoleranz und erfüllt somit auch die Anforderungen der TSI RST (Fall

A und B). Im Unterschied zum 403/406 wird bei einer Schnellbremsung die HL nun direkt ohne Vorsteuerung mittels Kolbenventil entlüftet. Das Notbremsventil NB4 entfällt somit.

Diese Designstudie zeigt den 407 im Bahnhof Frankfurt Flughafen Fernbahnhof. Seit Dezember 2013 verkehren die Züge nun innerhalb von Deutschland gekuppelt im Zugverband.

Foto: Siemens

Bremssteuergeräte (BSG)

In jedem Endwagen sind zwei redundant wirkende BSG vorhanden, die als Master und Slave definiert sind. Sie arbeiten auch als Zugbremsmanager, und sie übernehmen dadurch zusätzlich die Funktionen der Abfrage der aktuell zur Verfügung stehenden Bremskraft aller einzelnen Systeme, der Bremskraftberechnung und der zugweiten Bremskraftsollwertvorgabe. Dabei werden vom Master-BSG bzw. Zugbremsmanager – je nach Stellung des Bremskraftstellers auf dem Führertisch – Sollwerte für die Bremsanforderungen für die Analogwandler ermittelt und ausgegeben. Sie erzeugen daraufhin den Vorsteuerdruck für den Bremszylinderdruck.

Fällt ein BSG im Endwagen aus, wird das zweite BSG sofort zum Master. Fällt auch das zweite BSG aus, so kann die Notsteuerung aktiviert werden. Dabei funktioniert der Bremskraftsteller nur noch pneumatisch durch ein Relaisventil direkt auf die Hauptluftleitung (HL). Die Analogwandler der BSG werden dann gesperrt.

Die MVB-Segmentbremsmanager übermitteln die Sollwerte vom Zugbremsmanager an die jeweiligen Bremssteuerkomponenten. Sie ermitteln auch alle vorhandenen Bremskräfte und übermitteln diese an den Zugbremsmanager. In den Trafo-, Stromrichter- und Mittelwagen sind auch jeweils zwei normale BSG vorhanden. Sie übernehmen die Basisfunktion.

Das Bremssystem besteht aus:
- **Druckluftbremse**
- **linearer Wirbelstrombremse (WB-Bremse)**
- **generatorischer Bremse (elektrische Bremse)**
- **Federspeicherbremse**

Druckluftbremsen

Die indirekt wirkende Druckluftbremse arbeitet wie beim 403/406 über Master-BSG – Analogwandler – Relaisventil. Bei Ansteuerung der Druckluftbremse wird das Steuerventil mit R- und HL-Druck versorgt. Der

Druckübersetzer steuert den Bremszylinderdruck ein. Dieser gelangt dann über das „Magnetventil Gleitschutz“ bzw. den „Absperrhahn Druckluftbremse“ zum Bremszylinder der Radscheibenbremsen. Im Wagen mit Wirbelstrombremsen werden bei Anforderung die WB-Luftbälge entlüftet, wodurch sich die WB-Magnete senken.

WB-Bremsen

Die Traverse mit den Elektromagneten wird bis zu einer Höhe von sieben Millimetern über Schienenoberkante heruntergelassen. Dadurch wird ein Magnetfeld erzeugt. Zusammen mit der Bewegung des Zuges werden in der Schiene Wirbelströme gebildet, die ihrerseits Magnetfelder erzeugen. Somit wirken diese Felder dem Erregerfeld entgegen, und die Bremswirkung entsteht. Beim Bremsen mit WB entsteht Wärme in den Magneten. Das BSG überwacht die Temperatur und sperrt beim Überschreiten von bestimmten Grenzwerten die WB (200 °C).

Der Einsatz der Wirbelstrombremse kann sowohl bei Betriebsbremsungen als auch bei Schnellbremsungen erfolgen. Sie wird nur dann aktiviert, wenn sie laut Fahrplan erforderlich ist. Auf bestimmten LZB-Strecken ist ein Betrieb der WB auch bei Betriebsbremsungen möglich. Dann schaltet das BSG die WB entsprechend auch für Betriebsbremsungen frei. Eine netzunabhängige Aktivierung der WB ist beim 407 durch Überspannungsschutz im Stromrichter möglich. Beim 403/406 gibt es diese Funktion noch nicht.

Das BSG steuert unterhalb von 200 km/h Luft in die Luftbälge, wodurch der Sollluftspalt eingehalten wird. Sonst drohen die Magnete durch die zu starke Anziehungskraft durchzubiegen. Unter 100 km/h reduziert das ASG den Erregerstrom. Und unterhalb von 50 km/h schaltet die WB ab.

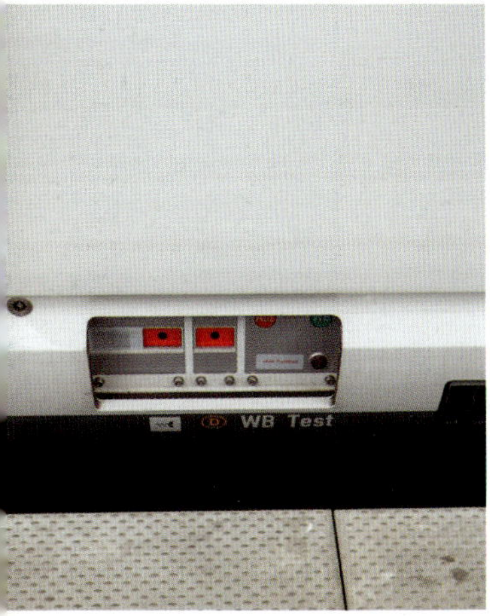

Die Anzeigen außen am Fahrzeug für den Zustand der Bremsen an diesem Wagen (angelegt, gelöst oder ausgeschaltet).

Foto: Claudia Franke

Generatorische Bremse (E-Bremse)

Die generatorische Bremse arbeitet netzabhängig. Sie wird vom Zugbremsmanager vorrangig angesteuert. Das ASG steuert dabei die E-Bremse mit maximaler Kraft bis kurz vor dem Stillstand an. Bei einer

Drei fertiggestellte Velaro D im Prüf- und Testcenter Wegberg-Wildenrath stehen zu Probefahrten bereit. Sehr gut erkennt man die einzeln abnehmbare Schnauze der Triebköpfe.
Foto: Siemens

Schnellbremsung wird nun beim 407 die E-Bremse vom ASG abgeregelt, sobald eine Geschwindigkeit von 80 km/h unterschritten wird.

Federspeicherbremse

Federspeicherbremsen sind in allen nicht angetriebenen Wagen vorhanden. Sie dienen als Feststellbremse des Zuges bis zu einer Neigung von 40 Promille.
Ihre Wirkungsweise lässt sich schnell erklären. Werden die Federspeicherbremszylinder entlüftet, legen die Federspeicherbremsen an. Ein Belüften der Federspeicherbremszylinder führt zum Lösen. Mittels Federkraft wird, je nach Bremszylinderdruck der Druckluftbremsen, somit eine Bremskraft in den Federspeicherbremsen erreicht (Entlastungsschaltung). Bei Ausfall der Druckluftbremsen wirken diese Federspeicherbremsen aber auch weiterhin. Sie dienen somit als Feststellbremse. Im Störungsfall lassen sich die Federspeicherbremsen auch manuell lösen.

Ungebremster Laufradsatz

Zur Ermittlung der aktuellen Fahrzeuggeschwindigkeit benötigt das ZWG einen ungebremsten Laufradsatz in den Trafowagen je nach Fahrtrichtung. Durch diesen kann das ZWG die Ist-Geschwindigkeit ermitteln und anderen Systemen zur Verfügung stellen. Im Falle einer Schnellbremsung wird aber auch dieser Radsatz mit gebremst, um eine größtmögliche Bremskraft des Zuges zu erreichen.

Notbremsüberbrückung (NBÜ)

Zum Befahren von Tunnelstrecken muss eine funktionsfähige NBÜ vorhanden sein. Sie dient dazu, um bei einer gezogenen Notbremse den Zug so anhalten zu können, dass er an einer geeigneten Stelle zum Halten kommen kann (zum Beispiel außerhalb eines Tunnels).
Durch das Ziehen einer Notbremse wird die Schleife geöffnet, und eine Bremsanforderung, die vom führenden Bremssteuergerät aufgenommen wird, entsteht.

ICE 513 im Juli 2014 kurz vor München Hauptbahnhof.
Foto: Claudia Franke

Für Personen mit eingeschränkter Mobilität ist die Baureihe 407 komplett ausgelegt. Somit wird den Anforderungen der TSI PRM (2008/164/EG) entsprochen. Der Hublift ist ein bewährtes System, das bereits schon im österreichischen Railjet zum Einsatz kommt. Er hat eine Tragkraft von 300 kg und hat eine maximale Hubhöhe von 800 mm.
Foto: Siemens

Automatische Bremsprobe

Diese wird vom Zug selbst durchgeführt, nachdem der Lokführer den Modus eingeleitet hat. Dabei fordert das Master-ZSG beim Master-BSG eine automatische Bremsprobe etwa zwei Stunden vor Bereitstellungszeitpunkt an. Dabei werden verschiedene Funktionen der Bremssteuerung überprüft. Dazu zählen zum Beispiel der Gleitschutz, die Drucklufterzeugung, der Durchgang der HBL und der WB-Bremsen. Die lokalen BSG ermitteln anschließend vorhandene Bremsgewichte, die von den Segmentbremsmanagern zusammengestellt werden.

Sandungsanlage

Für den 407 wurde eine innovative Sandungsanlage entwickelt. Sie besitzt eine zentrale Dosierungsanlage, die zudem geschwindigkeitsabhängig ist. Über SIBAS-KLIP-Stationen werden die Magnetventile der Anlagen gesteuert. Durch die sogenannte „Schwebendförderung“ (direkte Belüftung der Rohre durch die HBL) ist es möglich, mehrere Sandungsanlagen von einem Behälter aus zu versorgen.

Elektrische Ausrüstung

Der 407 ist ein Mehrsystemzug. Er besitzt die Ausstattung für folgende Systeme: AC 25 kV für Frankreich und Belgien, AC 15 kV für Deutschland. DC 3 kV für Belgien und DC 1,5 kV für Frankreich. Die Hochspannungsanlage besteht im Einzelnen aus vier AC-Stromabnehmern, zwei DC-Stromabnehmern, Überspannungsableiter, Energiemesseinrichtung, AC/DC-Systemerkennung, zwei AC- und zwei DC-Hauptschaltern, Erdungsschalter und Trennschalter AC-Dachleitung.

Im AC-Betrieb ist jeder Stromabnehmer zwischen Stromabnehmer und Hauptschalter mit einer Systemerkennung ausgestattet. Diese vergleicht die vorhandene Oberleitungsspannung mit der gewählten Spannung im Triebzug und gibt den jeweiligen Hauptschalter frei. Die Signale werden vom ZSG verarbeitet. Zwei Stromwandler am Trafo an der Primärseite dienen dem ZSG zum Überwachen. Bei einer Differenz in den Strommesswerten werden die Hauptschalter geöffnet.

Im DC-Betrieb sind zwischen Hauptschalter und Rückleitung des Stromrichters Stromwandler verbaut. Die Stromaufnahme wird auch hier vom ZSG überwacht. Im Störungsfall werden die Hauptschalter geöffnet.

Für den AC- und DC-Betrieb sind unterschiedliche Hochspannungsanlagen installiert. Im AC-Betrieb werden die Traktionsumrichter vom Trafo versorgt. Die zulässige Geschwindigkeit beträgt hier 320 km/h. Im DC-Betrieb werden die Stromrichter über Netzfilter direkt von der Oberleitungsspannung versorgt. So ist eine Höchstgeschwindigkeit von 220 km/h möglich. Insgesamt gibt es vier Antriebsanlagen in einem Triebzug, zwei pro Traktionseinheit.

Das taktile Leitsystem besteht aus verschiedenen Komponenten:

- **Außentüren besitzen ein Türfindesignal**
- **taktile Öffnungstaster außen und innen**
- **verschiedene taktile Piktogramme**
- **unterschiedlich strukturierte Teppichbeläge in Großraum und Einstiegsbereich**

Antrieb

Der Antrieb besteht aus den Komponenten Antriebsmotor, einstufiges Getriebe und Bogenzahnkupplung. Der Antrieb setzt die gelieferte Energie aus den Traktionsumrichtern in Vortrieb um. Auch wird die elektrische Energie beim generatorischen Bremsen in die Oberleitung zurückgespeist. Zwei Antriebe pro Drehgestell werden von einem Pulswechselrichter versorgt. Das Getriebe übersetzt die höhere Motordrehzahl auf die zum Erreichen der Höchstgeschwindigkeit passende Drehzahl des Radsatzes. Es ist direkt auf der Radsatzwelle montiert. Die Bogenzahnkupplung stellt die gleichmäßige Übertragung des Drehmoments sicher und entkoppelt den Motor von Relativbewegungen des Radsatzes.

Fahrmotor

Der Fahrmotor hat eine Nennleistung von 510 kW. Er ist ein dreiphasiger Asynchronmotor mit Kurzschlussläufer. Die Kühlung erfolgt hierbei durch Fahrmotorlüfter je zwei Fahrmotoren pro Drehgestell. Der Fahrmotor ist hochwertig durch eine Vakuumimprägnierung durch äußere Einflüsse isoliert. Weiterhin wird er durch Drehzahlgeber, Temperatur- und Lagersensoren überwacht.

Bordnetz

In einem 407 befinden sich insgesamt vier Energieversorgungsblöcke (EVB). Sie sind an die Zwischenkreise der Traktionsumrichter angeschlossen. So können die EVB auch bei Ausfall der Oberleitungsspannung durch die generatorische Bremse der Fahrmotoren versorgt werden. Alle EVB sind in IGBT-Technik aufgebaut. Die EVB speisen synchron auf eine Schiene mit 3 AC 440 V 60 Hz. Durch diese Schiene werden Großverbraucher wie zum Beispiel Klimaanlagen und Hilfsbetriebe versorgt. Fällt ein EVB aus, so übernehmen die verbliebenen EVB die Versorgung des Drehstromnetzes weiter.

In den Mittelwagen 04 und 05 ist jeweils ein Batterieladegerät verbaut. Durch dieses werden die Batterien und die DC 110 V versorgt. Batteriedrehrichter stellen außerdem die Spannung für beispielsweise die Steckdosen im Fahrgastraum zur Verfügung. In allen Wagen (außer dem Stromrichterwagen 03, wurden Einphasentrafos verbaut, die die Nebenheizungen versorgen.

Über die DC 110 V werden Fahrzeugsteuerungen sowie Beleuchtungen versorgt. Ein Batterieladegerät oder eine Batterie kann alle 110eV-Verbraucher versorgen. Bei Ausfall der Spannungsversorgung wird ein Abschaltprofil aktiviert, das in – je nach Batterieladung – zeitabhängiger Reihenfolge verschiedene Verbraucher nach und nach abschaltet.

Die wichtigsten Systeme werden bei Ausfall der Batterieladung jedoch für mindestens 180 Minuten aufrechterhalten. Dazu zählen Notbeleuchtung, Belüftungssystem, Durchsage- und Kommunikationssystem.

Die 1. Klasse präsentiert sich mit Lederbezügen und einer großzügigen Sitzaufteilung. Fahrgäste können nun direkt am Platz mit gekühlten Snacks aus der Minibar am Wagenende bedient werden.
Foto: Claudia Franke

Die Ausstattung

Der 407 unterscheidet sich in der Konfiguration nicht vom 403. Er ist ein 8-teiliger Triebzug und ist aufgebaut aus Endwagen 407.5. (2. Klasse), Trafowagen 407.6 (2. Klasse), Stromrichterwagen 407.7 (2. Klasse), Mittelwagen 407.8 (2. Klasse), Mittelwagen 407.3 (2. Klasse), Stromrichterwagen 407.2 (1. Klasse und Restaurant), Trafowagen 407.1. (1. Klasse) und Endwagen 407.0 (1. Klasse).

Die Innengestaltung gestaltet sich farblich wie der 403. Diverse Schränke und Türen bestehen aus einem warmfarbigen Holzdekor.

Fenster und Notausstiege

Die Gestaltung der Fenster ist an den 403 angelehnt. Allerdings gibt es kein durchgehendes Fensterband mehr, sondern die blinden Flächen wurden schwarz lackiert und nicht mehr mit Blindfenstern versehen. Damit kann – wie bei der 2. Bauserie ICE T – eine Gewichtseinsparung und eine leichtere Instandhaltung durch das Wegfallen kaputter Blindfenster erreicht werden.

Die Frontscheibe in den Endwagen ist im Vergleich zum 403 etwas kleiner. Sie beschränkt sich auf das messbare Sichtfeld des Lokführers und ist genormt. Somit ist auch weniger Sonneneinstrahlung direkt auf den Führerstand möglich. Diese führte bei den 403 nach Auslieferung schnell zu überhitzten Führerständen, wodurch eine Lamellenverkleidung nachträg-

Abschaltprofil bei Ausfall der Batterieladung:

- **Nach 0 Minuten werden erste Galley-Verbraucher abgeschaltet sowie die Steckdosen im Fahrgastraum.**
- **Nach 10 Minuten wird die Hauptbeleuchtung ausgeschaltet sowie die Drehgestellüberwachung und die Antriebssteuerung.**
- **Nach 15 Minuten werden die restlichen Galley-Verbraucher sowie WLAN, FIS-Anzeigen und Repeater abgeschaltet.**
- **Nach etwa 120 Minuten folgen die Klimaanlagen inklusive Notbelüftung.**

Wie im ICE 2 befinden sich an den Decken sogenannte FIS-Gondeln. Hier haben die Fahrgäste ihren Zuglauf im Blick. Über diese Bildschirme ist auch die Darstellung von Werbeanzeigen möglich.
Foto: Siemens

lich unter der großen Frontscheibe eingebaut werden musste. Dies entfällt nun beim 407. Diese Frontscheibe gilt als unzerstörbar und hat eine Dicke von etwa 24 mm. Im Führerstand gibt es noch zwei seitliche Schwenkfenster, die auch als Notausstieg mit Rettungsleiter dienen.
In jedem Wagen sind Notausstiegfenster vorhanden. Sie sind besonders gekennzeichnet und mit einem Nothammer versehen. Die Soll-Schlagstelle ist mit einem runden Punkt markiert. Die Fenster besitzen zudem bedienungsfreundliche Sonnenschutzrollos, die bequem heruntergezogen werden können.

Innentüren

An jedem Wagenende ist eine Übergangstüre vorhanden. Diese Türen dienen als Brandschutztüren. Weitere Übergangstüren trennen den Fahrgastraum vom Wagenübergang. Sämtliche Türsteuerungen und Türführungen sind im Deckenbereich angebracht. Erkennen die eingebauten Infrarotsensoren eine Person vor der Tür, so öffnet diese automatisch und schließt nach einer voreingestellten Offenhaltezeit. Befindet sich beim Schließen ein Gegenstand in diesem Türbereich, wird er von der Steuerung erkannt. Die Tür reversiert und öffnet wieder. Die Erkennung von Hindernissen erfolgt durch einen erhöhten Motorstrom und die Weg-Zeit-Überwachung.

Sitze

Alle Sitze sind modern gestaltet und nach neuesten ergonomischen Erkenntnissen konstruiert. Sie erfüllen alle höheren Ansprüche für den Langstreckenverkehr.
Die Sitze werden an C-Schienen im Fahrzeug befestigt und sind entweder in Reihe oder vis-à-vis angeordnet. Sie unterscheiden sich zwischen der 1. und 2. Klasse durch die Breite und Anzahl der Armlehnen sowie den

Die Sitze besitzen nun neben einem Haltegriff auch direkt angebrachte Sitzplatznummern. Diese sind auch mit Blindenschrift tastbar für sehbehinderte Personen zu erkennen.
Foto: Siemens

Sitzbezug. Sie besitzen alle ein ergonomisches Design und sind mit einer synchronen Neigungsverstellung ausgestattet. Das heißt, dass beim Verstellen der Rückenlehnen-Neigung auch die Sitzflächenneigung mit angepasst wird, und dies stufenlos.
In der 2. Klasse gibt es zwischen den Doppelsitzen eine Armlehne, die hochgeklappt werden kann. In der 1. Klasse besitzt jeder Sitz zwei Armlehnen. Die Armlehnen an den Seitenwänden sind fest und können nicht hochgeklappt werden. Steckdosen sind auch hier an jedem Sitz vorhanden. In der 1. Klasse an jedem Sitz und in der 2. Klasse an jedem Doppelsitz eine.

Beleuchtung

Das Beleuchtungskonzept ist durchdacht. Es soll die Reisenden nicht blenden, aber eine angenehme Atmosphäre für die verschiedenen Tätigkeiten (Ruhen/Arbeiten) bieten und auch sämtliche Bereiche im Zug ausreichend beleuchten. Weiterhin ist der Tausch von Leuchtmitteln für die Instandhaltung wesentlich vereinfacht worden. Ein Tausch einer Lampe mit Vorschaltgerät soll somit drei Minuten betragen.
Der Großraum wird mit Leuchtstofflampen indirekt beleuchtet. Diese Leuchtenbänder befinden sich auf den Gepäckträgerklappen. Das nach oben gestrahlte Licht dient hierbei als Designelement und sorgt für eine helle Decke. Die Notbeleuchtung ist unabhängig von diesen Leuchtstofflampen als LED ausgeführt. Diese befinden sich in den Deckenplatten und leuchten den Gang bei Ausfall der Normalbeleuchtung ausreichend aus. In der 1. Klasse befinden sich weiterhin LED-Leseleuchten, die mit einem Taster aktiviert werden können.

Ein Blick in das Bordrestaurant. Wie bei allen ICE-Baureihen sind die Sitzbänke auch hier mit hellrotem Leder bezogen. Es bietet Platz für 16 Fahrgäste. Direkt an das Restaurant schließt noch ein Großraumbereich der 1. Klasse an, welcher durch eine Glastür vom Restaurant getrennt ist. Das Gastronomiekonzept wurde beim 407 angepasst. So ist nun auch in der 1. Klasse ein kleiner Kühlbereich vorhanden, um die Fahrgäste dort mit frischen Getränken und kleinen Speisen ohne weite Umwege bedienen zu können.

Foto: Claudia Franke

Die Einstiegsbereiche sind direkt mit Leuchtstofflampen beleuchtet. Die Trittstufen werden mit LED beleuchtet. Auch hier wurde im Übergang und an den Seitenwänden eine LED-Notbeleuchtung eingebaut, die bei nicht aktiver Allgemeinbeleuchtung eingeschaltet wird. Die Beleuchtung der WC-Zellen erfolgt durch zwei Kompaktleuchtstofflampen, die der Notbeleuchtung zugeschaltet sind und permanent leuchten.
Der Bistrobereich wird mit LED-Spots beleuchtet. Weitere LED-Spots leuchten den Verkaufstresen aus und dienen auch als lichtgestalterisches Element. Der Führerstand verfügt über verschiedene Beleuchtungssysteme, darunter LED-Spots, Notbeleuchtung-LED und Leuchtstofflampen.

Toilettensystem

Ein 407 besitzt zehn Toiletten. Davon eine für das Personal und eine für Rollstuhlfahrer geeignete Toilette. Alle Toiletten sind druckdicht. Zwei WCs bilden dabei eine Doppelnasszelle. Zwischen den beiden Toiletten ist eine Technikwand, in der sich sämtliche Technik befindet. Bei Ausfall einer Toilette ist die andere allerdings im Normalfall auch weiterhin betriebsbereit. Es gibt zudem verschiedene Anzeigen über den Zustand der Toiletten. Eine Besetztanzeige im Großraumabteil, eine Besetztanzeige direkt unterhalb des Türgriffes (Grün/Rot), eine taktile Besetztanzeige (nur in der Türverriegelung) und eine WC-Defektanzeige an den Nasszellen.

Frisch- und Abwassersystem

Zu jeder Doppelnasszelle gehören ein Frischwasserbehälter auf dem Dach und ein Abwasserbehälter unterflur. Die Behälter sind aus Gründen des Frostschutzes beheizbar. Die Abwasserbehälter besitzen Sensoren zur Füllstandsanzeige von 80 und 95 Prozent. Ist der Tank voll, kann er von außen abgesaugt werden. Abwasser aus der Toilette und Grauwasser aus den Handwaschbecken werden über korrosionsfreie Leitungen in den Abwassertank geführt.
Zum Befüllen dienen Befüllstutzen aus Edelstahl. Sie sind mit einer Abdeckklappe gegen Eindringen von Verunreinigungen geschützt. Außerdem gibt es die Möglichkeit, den Frischwassertank komplett zu entleeren, wenn das Fahrzeug beispielsweise bei Frost längere Zeit abgestellt wird.
Der Tank für eine Doppelnasszelle kann 320 Liter fassen. Berechnungen ergaben, dass zwei Toiletten am Tag einen Durchschnittsverbrauch von 260 Litern aufweisen. Der Abwassertank einer Doppelnasszelle umfasst 1.050 Liter.

In diesem Mittelwagen befinden sich zwei Rollstuhlstellplätze, an denen sich auch Notruftasten befinden. Der Rollstuhlfahrer kann durch den im 407 vorhandenen Hublift bequem in den Zug einsteigen. Das System des Hublifts ermöglicht mobilitätseingeschränkten Personen auch an Bahnhöfen ohne Zustiegshilfe das Reisen. Weiterhin befindet sich in diesem Wagen auch das rollstuhlgerechte WC.
Foto: Claudia Franke

Der Frischwassertank für die Galley kann 500 Liter fassen. Er kann außerdem beheizt werden. Eine Isolierung verhindert ferner die unzulässige Erwärmung oder das Einfrieren im Winter. Wasserverbraucher (wie die Kaffeemaschine) werden über eine Druckerhöhungspumpe mit Frischwasser aus dem jeweiligen Tank versorgt.
Das Grauwasser aus der Galley wird in einem 650 Liter großen Grauwasserbehälter gesammelt. Ein Entweichen von Grauwasser ist somit auch in Tunneln nicht möglich.

Klimaanlage

Jeder Wagen ist mit einer auf dem Dach befindlichen Klimaanlage (Kompaktklimagerät) ausgestattet, die im Bedarfsfall die Außenluft aufheizt oder abkühlt. Innen- und Außenluft werden bedarfsgerecht gemischt. Das System ist mit einem Druckschutz ausgestattet. Sensoren messen dabei Druckänderungen in der Umgebung des Zuges, zum Beispiel bei Tunneleinfahrten. Bei solchen Druckänderungen schließt das System sämtliche Verbindungen nach außen und verhindert so einen Druckstoß im Wageninneren.
Ein Indachkompaktklimagerät befindet sich im Führerraum und versorgt diesen separat.
Die Fortluft wird in den Fahrgasträumen im Bodenbereich von zwei Fortluftkanälen angesaugt und über ein unterflur angebrachtes Fortluftgerät nach außen geführt. Die Frischluftansaugung erfolgt im Klimakompaktgerät. Über einen Zuluftdeckenkanal erfolgt die Verteilung der Frischluft in den Wagen. In der Betriebsart „Heizen" wird die gesamte Zuluft über Stichkanäle und weiter über die Kanäle in den Seitenwänden bis hin Richtung Boden geleitet. Dort erfolgt das Ausblasen im Bereich des Bodens und der Fenster. In der Betriebsart „Kühlen" erfolgt die Verteilung der gekühlten Zuluft nur zum kleinen Teil über Boden und Fenster. Der Großteil wird über die Lochdecke gleichmäßig verteilt.
Nasszellen und Galley haben eine größere Geruchsentwicklung als die anderen Fahrgastbereiche und sind direkt an das Fortluftsystem angeschlossen. In den Einstiegs- und Übergangsbereichen wurden Umluftheizer verbaut, sodass eine ausreichende Temperierung bei niedrigen Außentemperaturen gewährleistet ist und somit eine Eisbildung an den Trittstufen verhindert werden kann.
Insgesamt ist die Klimaanlage nach EN 13129, Klimazone 2 für Deutschland, konzipiert.

Im September 2006 wurde der spanische Velaro E der Öffentlichkeit auf der InnoTrans in Berlin präsentiert. Er trägt hier die Bezeichnung „AVE S103". Er hat eine Höchstgeschwindigkeit von 350 km/h und eine andere Innengestaltung. Im Bereich der Lounge sind hier keine normalen Reihensitzplätze vorhanden, sondern ein Konferenzraum mit Glastisch und sechs Sitzplätzen. Der gesamte Zug bietet 404 Sitzplätze, die in drei Wagenklassen unterteilt sind. Der Clase Club, das ist die höchste Kategorie der 1. Klasse, gefolgt von der Clase Preferente, die mit der 1. Klasse bei der Deutschen Bahn vergleichbar ist. Die zweite Klasse heißt hier Clase Turista und bietet den Komfort, den man auch in Deutschland in der 2. Klasse vorfinden kann.
Foto: Claudia Franke

DER ICE IM AUSLAND

Velaro E, RUS, CRH und TR

Nicht nur in Deutschland, sondern auch in anderen Ländern, die Höchgeschwindigkeitsverkehr auf Schienen anbieten, wird der Velaro eingesetzt.

Die Konkurrenz auf Frankreich, Japan oder Südkorea ist stark, doch Siemens gelingt es immer wieder, seine ICE-Modelle im Ausland zu verkaufen.

Der Velaro RUS – ICE 3 für Russland

2005 liefen Verhandlungen zwischen Siemens und der staatlichen russischen Eisenbahngesellschaft (RZD), ein Gemeinschaftsunternehmen zum Bau von Hochgeschwindigkeitszügen zu gründen. Bereits im April 2005 kam es zu einer Teilvertragsunterzeichnung mit einem Volumen von rund 1,5 Milliarden Euro zum Bau von 60 ICE-3-Zügen.
Für den Einsatz in Russland müssen die ICE-3-Züge besondere Anforderungen erfüllen. Die Spurweite in Russland beträgt 1.520 mm. Zudem sind in Russland die Winter sehr kalt und erfordern somit ein besonderes Belüftungs- und Kühlsystem.
Bereits ab 2007 hätten die ersten Züge den Plandienst auf der Strecke von Moskau nach St. Petersburg aufnehmen sollen. Die vorhandene Strecke sollte für eine Maximalgeschwindigkeit von 230 km/h ausgebaut werden. Im November 2005 schien das Aus für den Velaro RUS gekommen zu sein. Doch am 18. Mai 2006 kam es zur Vertragsunterzeichnung. So darf Siemens Transportation acht Hochgeschwindigkeitszüge des Typs ICE 3 liefern und für 30 Jahre deren Wartung durchführen.
Die Züge können 250 km/h fahren und werden auf der Strecke Moskau–St. Petersburg eingesetzt.

Der Velaro RUS auf der InnoTrans 2008 in Berlin auf Hilfsdrehgestellen, da in Russland Breitspur gefahren wird. Er verkehrt dort unter der Bezeichnung „Sapsan".
Foto: Claudia Franke

Spanien, die Türkei und China

Die direkte Kopie des deutschen ICE verkehrt auch in Spanien, Velaro E (AVE S103) ist seit 2007 der neue Superzug der Spanier, gebaut von Siemens. Die spanische Staatsbahn RENFE hat 26 komplette Velaro-Züge bestellt.

In China werden beim chinesischen Partner Tangshan Locomotive & Rolling Stock Works 300 Triebzüge in verschiedenen Ausstattungen produziert. Sie verkehren zunächst auf zwei Schnellfahrstrecken, darunter die Relation Peking–Tianjin, wo sie über 300 km/h fahren.

Im März 2013 hat die türkische Eisenbahngesellschaft TCDD sieben Garnituren bestellt, auch für den Eurostar unter dem Ärmelkanal sind zehn Triebzüge bestellt worden.

Der chinesische Velaro CRH stellte am 9. Januar 2011 einen Weltrekord auf: 487 km/h!
Foto: Siemens

Der ICE 3 wurde mit dem Stromabnehmer DSA 380 ausgestattet. Hier ein 403 im Mai 2010 auf dem Weg nach München.
Foto: Hartmut Franke

ICE im Einsatz

Am eisigen Morgen des 31. Januar 2006 durchfährt der Triebzug 169 den Bahnhof Maisach. Er hat einen längeren Weg vor sich und wird über Stuttgart weiter nach Frankfurt und bis nach Berlin fahren.
Foto: Claudia Franke

AUF DEUTSCHEN SCHIENEN UNTERWEGS

Das Streckennetz des ICE

Die folgende Tabelle listet alle aktuellen ICE-Linien auf (Stand: Sommer 2013). Außerdem gibt sie einen Überblick über die eingesetzten Baureihen.

ICE-Sprinter

Linie	Linienverlauf	eingesetzte Fahrzeuge
ICE 1	Hamburg-Altona – Essen – Duisburg – Düsseldorf – Köln	ICE 2
ICE 3	Berlin Südkreuz – Frankfurt (Main) – Mannheim – Stuttgart – München)	ICE 1
ICE 4	Hamburg-Altona – Hannover – Frankfurt (Main) – Darmstadt	ICE 1

Die Linien 10, 11 und 12 beginnen in Berlin Ostbahnhof.

Linie	Linienverlauf	eingesetzte Fahrzeuge
ICE 10	Berlin Ostbf – Berlin Hbf – Berlin-Spandau – Wolfsburg – Hannover – Bielefeld – Hamm (Westf) – geflügelt: (Ruhrstrecke:) – Dortmund – Bochum – Essen – Duisburg – Düsseldorf Flughafen – Düsseldorf (– Köln Messe/Deutz – Köln/Bonn Flughafen bzw. Wupperstrecke:) – Hagen – Wuppertal – Köln (– Bonn – Koblenz)	ICE 2
ICE 11	Berlin Ostbf – Berlin Hbf – Berlin-Spandau – Braunschweig – Hildesheim – Göttingen – Kassel-Wilhelmshöhe – Hanau – Frankfurt (Main) – Mannheim – Stuttgart – Ulm – Augsburg – München	ICE 1
ICE 12	Berlin Ostbf – Berlin Hbf – Berlin-Spandau – Wolfsburg – Braunschweig – Hildesheim – Göttingen – Kassel-Wilhelmshöhe – Fulda – Hanau – Frankfurt (Main) – Mannheim – Karlsruhe – Freiburg – Basel Bad Bf – CH – Basel SBB (– Bern – Spiez – Interlaken Ost)	ICE 1

ICE-Netz 2014

Gültig vom 15. 12. 2013 bis 13. 12. 2014

DB BAHN

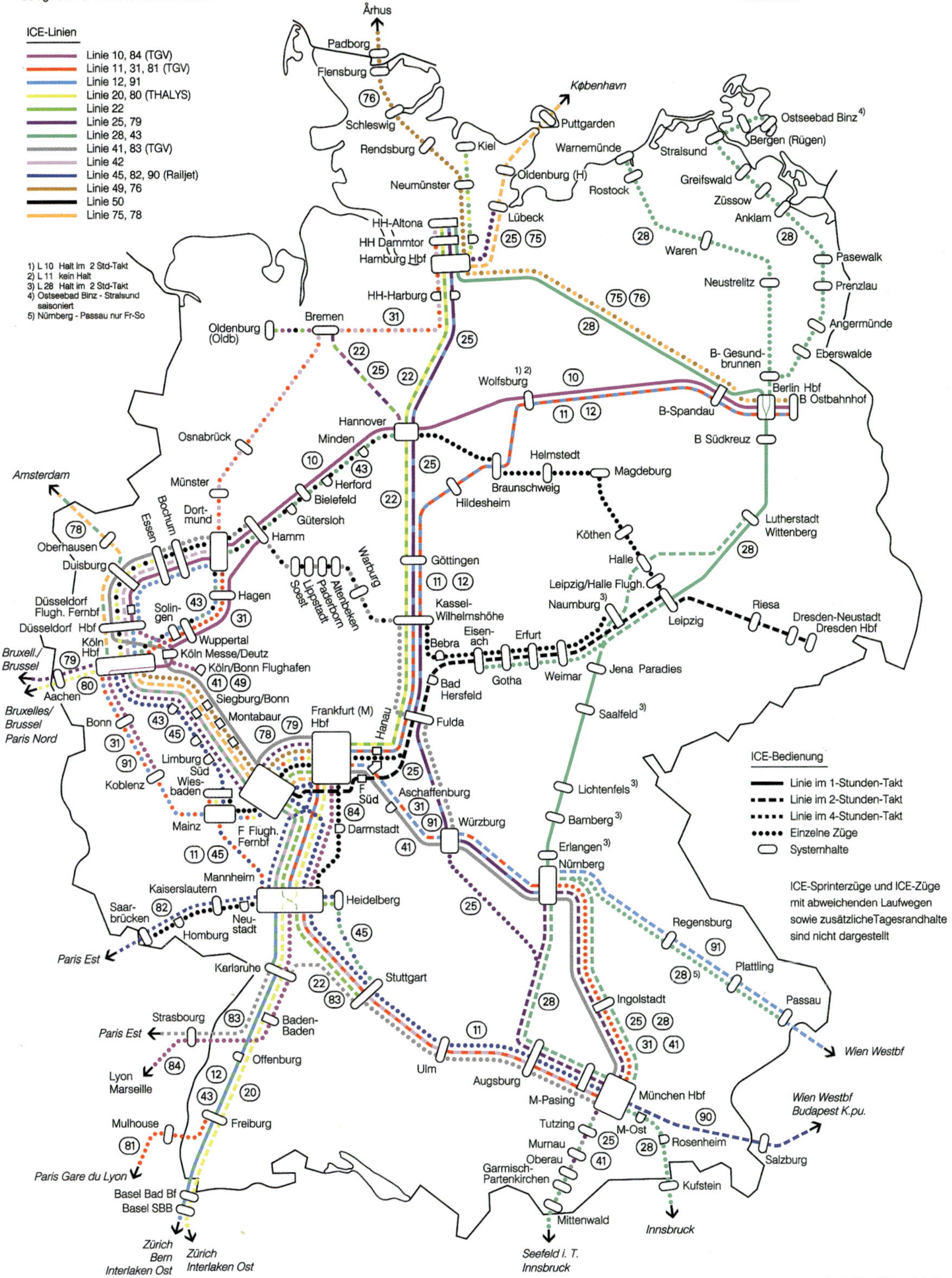

Kartografie: DB Netz AG, Zentrale, I.NVT 52 (V)
Im Galluspark 23, 60326 Frankfurt am Main

Redaktion: DB Fernverkehr AG
P.FBZ 22 (We)
Stand: November 2013

Die Taktabschnitte der Linien 20, 22 und 25 beginnen in Hamburg-Altona.

Linie	Linienverlauf	eingesetzte Fahrzeuge
ICE 20	(Kiel –) Hamburg-Altona – Hannover – Göttingen – Kassel-Wilhelmshöhe – Frankfurt (Main) – Mannheim – Karlsruhe – Freiburg – Basel Bad Bf – CH – Basel SBB (– Zürich HB) bzw. (Kiel –) Hamburg – Hannover – Göttingen – Kassel-Wilhelmshöhe – Frankfurt (Main) – Frankfurt (Main) Flughafen – Mainz – Wiesbaden	ICE 1
ICE 22	(Kiel –) Hamburg-Altona – Hannover – Göttingen – Kassel-Wilhelmshöhe – Frankfurt (Main) – Frankfurt (Main) Flughafen – Mannheim – (Heidelberg –) Stuttgart bzw. (Oldenburg/Oldb. –) Bremen – Hannover – Göttingen – Kassel-Wilhelmshöhe – Frankfurt (Main) – Frankfurt (Main) Flughafen – Mannheim – (Heidelberg –) Stuttgart	ICE 1
ICE 25	Hamburg-Flügel: (Lübeck –) Hamburg-Altona – Bremen-Flügel: Bremen – zusammen weiter stündlich: – Hannover – Göttingen – Kassel-Wilhelmshöhe – Fulda – Würzburg – Nürnberg – Ingolstadt – München (– Garmisch-Partenkirchen)	ICE 1, ICE 2

Die Züge der Linie 28 fahren – von verschiedenen Startbahnhöfen ausgehend – stets über Berlin.

Linie	Linienverlauf	eingesetzte Fahrzeuge
ICE 28.1	(Ostseebad Binz – Stralsund – Greifswald – Prenzlau – Eberswalde –) Berlin Gesundbrunnen – Berlin Hbf – Berlin Südkreuz – Bitterfeld – Halle (Saale) – Naumburg – Jena Paradies – Nürnberg – Ingolstadt – München bzw. (Warnemünde – Rostock – Neustrelitz –) Berlin Gesundbrunnen – Berlin Hbf – Berlin Südkreuz – Bitterfeld – Halle (Saale) – Naumburg – Jena Paradies – Nürnberg (– Regensburg – Plattling – Passau)	ICE 1, ICE T, (MET)
ICE 28.2/ 28.3	(Kiel –) Hamburg-Altona – Berlin-Spandau – Berlin Hbf – Berlin Südkreuz – Lutherstadt Wittenberg – Leipzig – Jena Paradies – Saalfeld (Saale) – Lichtenfels – Bamberg – Erlangen – Nürnberg – Augsburg – München (– A – Kufstein – Innsbruck bzw. Garmisch-Partenkirchen – Mittenwald – Innsbruck)	ICE 1, ICE T, (MET)

Die Linie 31 führt über die linke Rheinstrecke und nicht über die Schnellfahrstrecke Köln–Rhein/Main.

Linie	Linienverlauf	eingesetzte Fahrzeuge
ICE 31	Hamburg-Altona – Bremen – Osnabrück – Münster – Dortmund – Hagen – Wuppertal – Solingen – Köln – Bonn – Koblenz – Mainz – Frankfurt (Main) Flughafen – Frankfurt (Main)	ICE 1, IC-Zug

Die Linien 41, 42, 43, 45 und 49 benutzen die Schnellfahrstrecke Köln–Rhein/Main.

Linie	Linienverlauf	eingesetzte Fahrzeuge
ICE 41	(Dortmund – Bochum –) Essen – Duisburg – Düsseldorf – Köln Messe/Deutz – Frankfurt (Main) Flughafen – Frankfurt (Main) – Aschaffenburg – Würzburg – Nürnberg – München (– Garmisch-Partenkirchen)	ICE 3
ICE 42	(Hamburg – Bremen – Osnabrück – Münster –) Dortmund – Bochum – Essen – Duisburg – Düsseldorf – Köln – Siegburg/Bonn – Frankfurt (Main) Flughafen – Mannheim – Stuttgart – Ulm – Augsburg – München	ICE 3
ICE 43	(Hannover – Bielefeld – Hamm – Dortmund – Hagen – Wuppertal – Solingen –) Köln – Siegburg/Bonn –	ICE 3

	Frankfurt (Main) Flughafen – Mannheim – Karlsruhe – Offenburg – Freiburg – Basel Bad Bf – CH – Basel SBB bzw. (Amsterdam CS – Arnhem – NL – Oberhausen – Duisburg – Düsseldorf –) Köln –Siegburg/Bonn – Frankfurt (Main) Flughafen – Mannheim – Karlsruhe – Offenburg – Freiburg – Basel Bad Bf – CH – Basel SBB	
ICE 45	Köln – Köln/Bonn Flughafen – Montabaur – Limburg – Wiesbaden – Mainz – Mannheim – Heidelberg – Vaihingen (Enz) – Stuttgart	**ICE 3**
ICE 49	Köln – Siegburg/Bonn – Montabaur – Limburg – Frankfurt (Main) Flughafen – Frankfurt (Main)	**ICE 3, ICE 3M**

Die Linie 50 ist die einzige Ost-West-ICE-Linie Mitteldeutschlands, deshalb werden die Züge, die über Kassel verkehren, auch „Mitte-Deutschland-Verbindung" genannt.

Linie	Linienverlauf	eingesetzte Fahrzeuge
ICE 50	Dresden – Dresden-Neustadt – Riesa – Leipzig – Erfurt – Eisenach – Fulda – Frankfurt (Main) – Frankfurt (Main) Flughafen – Mainz – Wiesbaden	**ICE T**

Die Linien ab Nr. 75 sind internationale ICE-Verbindungen.

Linie	Linienverlauf	eingesetzte Fahrzeuge
ICE 75	(Berlin Ostbf – Berlin Hbf –) Hamburg Hbf – Lübeck – Oldenburg (Holst.) – Puttgarden – DK – Rødby Færge – København H	**ICE TD**
ICE 76	Berlin Ostbf – Berlin Hbf – Hamburg Hbf – Neumünster – Rendsburg – Schleswig – Flensburg – DK – Padborg – Aarhus	**ICE TD**
ICE 78	Amsterdam CS – Utrecht CS – Arnhem – NL – Oberhausen – Duisburg – Düsseldorf – Köln – Frankfurt (Main) Flughafen – Frankfurt (Main)	**ICE 3M**
ICE 79	Bruxelles Midi – Bruxelles Nord – Liège (G) – B – Aachen – Köln – Siegburg/Bonn – Montabaur – Limburg Süd – Frankfurt (Main) Flughafen – Frankfurt (Main)	**ICE 3M**
ICE 80	(Essen – Duisburg – Düsseldorf –) Köln – Aachen – B – Liège (G) – Brüssel Midi – F – Paris Nord	**Thalys**
ICE 82	Frankfurt (Main) – Mannheim – Kaiserslautern – Saarbrücken – F – Paris Est	**ICE 3 MF, TGV 2N2**
ICE 83	(München – Augsburg – Ulm –) Stuttgart – Karlsruhe – F – Strasbourg – Paris Est	**TGV 2N2**
ICE 84	Frankfurt (Main) – Mannheim – Karlsruhe – F – Strasbourg – Lyon – Marseille	**TGV 2N2**
ICE 90	(Wiesbaden – Frankfurt (Main) – Mannheim – Stuttgart – Ulm – Augsburg –) München – A – Salzburg – Wien Westbahnhof – U – Budapest Keleti pu	**Railjet**
ICE 91	(Dortmund – Bochum – Essen – Duisburg – Düsseldorf – Köln – Bonn – Koblenz – Mainz – Frankfurt (Main) Flughafen –) Frankfurt (Main) – Hanau – Würzburg – Nürnberg – Regensburg – Plattling – Passau – A – Wels – Linz – St. Pölten – Wien Westbf	**ICE T**

Linien im Zwei-Stunden-Takt, die sich auf einem Abschnitt zum Stundentakt ergänzen:

Linien	Abschnitt
11 + 12	Berlin Ostbf – Mannheim
20 + 22	Hamburg-Altona – Mannheim
42 + 43	Köln – Mannheim
12 + 43	Mannheim – Basel SBB
11 + 42	Mannheim – München

Der ICE T wurde für Nebenstrecken konzipiert, bei denen engere Kurven häufig waren – und sind. Die Neigetechnik sollte schnellere Kurvenfahrten ermöglichen.
Foto: Bombardier

Anhang

Oben und Seite 141: Zugtaufen der ICEs „Augsburg" am 21. November 2002 und „Regensburg" am 28. Januar 2003. Der Triebzug 115 übernahm 2004 den Namen des damals in Regensburg getauften ICE-TD-Triebzugs 5501.
Fotos: Claudia Franke

EIN BRAUCH, DER NOCH IMMER GEPFLEGT WIRD

ICE-Zugtaufen

Diese Tabelle gibt eine Übersicht über alle bisher getauften ICE-Züge, sortiert in chronologischer Reihenfolge. Es ist schon eine stolze Flotte geworden. Doch in Zukunft werden noch einige mehr dazukommen.

Stadt	Getauft am	ICE-Typ	Triebzug-Nummer
Berlin	31.10.2002	ICE T	1108
Frankfurt am Main	04.11.2002	ICE 3M	4610
Freie und Hansestadt Hamburg	06.11.2002	ICE T	1112
Braunschweig	12.11.2002	ICE 2	218
Bielefeld	15.11.2002	ICE 2	204
Ulm	18.11.2002	ICE 2	233
Stuttgart	19.11.2002	ICE 3	337
Nürnberg	19.11.2002	ICE 1	111 (ex 5504)
Würzburg	20.11.2002	ICE 3M	4605
Essen	20.11.2002	ICE 2	239
Kiel	20.11.2002	ICE T	1129
Augsburg	21.11.2002	ICE 3	332
Erfurt	21.11.2002	ICE T	1104
Magdeburg	25.11.2002	ICE 2	206
Lutherstadt Wittenberg	26.11.2002	ICE 2	226
Jena	27.11.2002	ICE T	1130
Fulda	27.11.2002	ICE 1	187
Dortmund	28.11.2002	ICE 3	303
Darmstadt	30.11.2002	ICE T	1580
Heidelberg	05.12.2002	ICE T	1504
Halle	06.12.2002	ICE T	1116
Cottbus/Chosebuz	07.12.2002	ICE 2	203
Montabaur	09.12.2002	ICE 3	4612
Düsseldorf	09.12.2002	ICE 3	4611
Köln	10.12.2002	ICE 3	4609

Bremen	12.12.2002	ICE 1	176
Dessau	12.12.2002	ICE 2	216
Leipzig	13.12.2002	ICE T	1126
Wiesbaden	15.12.2002	ICE 3	311
Bonn	17.12.2002	ICE 2	208
Kassel	17.12.2002	ICE T	1506
Karlsruhe	18.12.2002	ICE T	1502
Dresden	20.12.2002	ICE T	1105
Hannover	08.01.2003	ICE 3M	4607
München	10.01.2003	ICE 3	304
Stendal	13.01.2003	ICE 2	207
Mainz	17.01.2003	ICE T	1582
Weimar	17.01.2003	ICE T	1127
Göttingen	22.01.2003	ICE 3	330
Wolfsburg	23.01.2003	ICE 3	310
Regensburg	28.01.2003	ICE 1	115 (ex 5501)
Westerland/Sylt	29.01.2003	ICE 3	331 (ex 5520)
Freiburg im Breisgau	29.01.2003	ICE 3	301
Hildesheim	29.01.2003	ICE 1	185
Mannheim	24.02.2003	ICE 3M	4603
Potsdam	19.03.2003	ICE 2	212
Kaiserslautern	26.03.2003	ICE T	1584
Passau	27.03.2003	ICE T	1106
Koblenz	29.03.2003	ICE 2	244
Gotha	28.04.2003	ICE T	1120
Rosenheim	28.04.2003	ICE 1	155
Bamberg	10.05.2003	ICE T	1114
Eisenach	13.05.2003	ICE T	1501
Hansestadt Stralsund	24.05.2003	ICE T	1113
Marburg	05.06.2003	ICE T	1505
Pirna	14.06.2003	ICE T	1107
Osnabrück	19.06.2003	ICE 1	119
Frankfurt (Oder)	21.06.2003	ICE 2	232
Güstrow	21.06.2003	ICE T	1109
Minden	22.06.2003	ICE 2	234
Horb am Neckar	23.06.2003	ICE T	1581
Paderborn	25.06.2003	ICE T	1103
Neustadt an der Weinstraße	26.06.2003	ICE T	1101
Wuppertal	01.07.2003	ICE 2	202
Solingen	02.07.2003	ICE 3	322
Aachen	03.07.2003	ICE 3	328
Homburg/Saar	09.07.2003	ICE T	1121
Bochum	09.07.2003	ICE 2	240
Münster (Westfalen)	10.07.2003	ICE 3	318
Altenbeken	11.07.2003	ICE T	1503
Memmingen	15.07.2003	ICE 1	112 (ex 5502)
Recklinghausen	15.07.2003	ICE 3	317
Bebra	19.07.2003	ICE 1	161
Hagen	19.07.2003	ICE 2	219
Siegburg	22.07.2003	ICE 3	316
Bruchsal	23.07.2003	ICE 1	184
Hansestadt Weimar	02.08.2003	ICE T	1111 (ex 1108)
Oldenburg (Oldb)	05.08.2003	ICE 2	228
Lüneburg	13.08.2003	ICE 1	120
Hansestadt Lübeck	19.08.2003	ICE 3	302 (ex 5517)
Neumünster	20.08.2003	ICE 1	153
Flensburg	25.08.2003	ICE 1	102 (jetzt 153)
Offenbach am Main	26.08.2003	ICE 1	105
Riesa	30.08.2003	ICE 2	209
Hansestadt Rostock	20.09.2003	ICE T	1124
Mühldorf a. Inn	20.09.2003	ICE 1	104 (ex 5511)
Hansestadt Greifswald	26.09.2003	ICE T	1123
Hamm (Westf.)	27.09.2003	ICE 2	214
Neubrandenburg	30.09.2003	ICE T	1102
Schwerin	03.10.2003	ICE 2	223
Coburg	06.10.2003	ICE T	1115

Duisburg	08.10.2003	ICE 3	319
Baden-Baden	05.11.2003	ICE 3	305
Meißen	09.11.2003	ICE T	1119
Bremerhaven	13.11.2003	ICE 1	178
Krefeld	21.11.2003	ICE 3	321
Naumburg (Saale)	22.11.2003	ICE T	1110
Offenburg	22.11.2003	ICE 3	334
Ingolstadt	27.11.2003	ICE 3	336
Görlitz	03.12.2003	ICE 2	235
Bad Hersfeld	06.12.2003	ICE 2	241
Limburg an der Lahn	24.01.2004	ICE 3M	4606
Timmendorfer Strand	04.02.2004	ICE 1	173
Ludwigshafen am Rheim	10.02.2004	ICE 1	190
Bad Oldesloe	03.03.2004	ICE 1	159
Plauen/Vogtland	11.03.2004	ICE T	1118
Lübbenau/Spreewald	27.03.2004	ICE 2	221
Ravensburg	15.04.2004	ICE 3	325
Aschaffenburg	21.04.2004	ICE 1	109
Arnstadt	01.05.2004	ICE T	1125
Quedlinburg	04.05.2004	ICE 2	242
Oberursel (Taunus)	09.05.2004	ICE T	1583
Brandenburg an der Havel	11.05.2004	ICE 2	231
Trier	11.05.2004	ICE T	1131
Torgau	12.05.2004	ICE T	1122
Bautzen	02.06.2004	ICE 2	243
Heppenheim/Bergstraße	13.06.2004	ICE 1	154
Basel	18.06.2004	ICE 1	177
Saalfeld (Saale)	19.06.2004	ICE 2	224
Erlangen	30.06.2004	ICE T	1117
Pforzheim	01.07.2004	ICE 1	116
Hanau	05.07.2004	ICE 1	152
Gießen	13.07.2004	ICE 1	101
Gütersloh	14.07.2004	ICE 1	158
Bitterfeld	17.07.2004	ICE 2	215
Lichtenfels	27.07.2004	ICE 1	108
Zwickau	31.07.2004	ICE 2	205
Ludwigslust	21.08.2004	ICE 2	227
Wittenberge	24.08.2004	ICE T	1132
Oberhausen	02.09.2004	ICE 3	307
Freilassing	04.09.2004	ICE 1	156
Gelsenkirchen	07.09.2004	ICE 1	110
Schwäbisch Hall	16.09.2004	ICE 3M	4613
Treuchtlingen	22.09.2004	ICE 3	313
Mülheim (Ruhr)	30.09.2004	ICE 1	160
Delitzsch	09.10.2004	ICE 2	230
Crailsheim	19.10.2004	ICE 1	168
Castrop-Rauxel	04.11.2004	ICE 1	180
Rüdesheim am Rhein	24.11.2004	ICE 1	167
Reutlingen	30.11.2004	ICE T	1128
Frankenthal/Pfalz	19.05.2005	ICE 1	113
Itzehoe	09.06.2005	ICE 1	107
Friedrichshafen	14.06.2005	ICE 1	114
Plattling	28.06.2005	ICE 1	106
Saarbrücken	07.07.2005	ICE 2	238
Bergen auf Rügen	09.07.2005	ICE 2	217
Meiningen	01.10.2005	ICE 2	220
Hof	06.10.2005	ICE 1	117
Rheinsberg	15.10.2005	ICE 2	201
Geisenheim/Rheingau	10.11.2005	ICE 1	162
Zürich	20.01.2006	ICE 1	174
Garmisch-Partenkirchen	18.02.2006	ICE 1	167
Fontanestadt Neuruppin	18.03.2006	ICE 2	210
Templin	25.03.2006	ICE 2	229
Oschatz	30.03.2006	ICE T	1171
Herford	17.05.2006	ICE 3	351

Bad Oeynhausen	17.05.2006	ICE T	1165
Waren (Müritz)	20.05.2006	ICE T	1156
Rathenow	15.07.2006	ICE T	1177
Worms	20.05.2006	ICE 1	169
Forbach-Lorraine	16.09.2006	ICE 3M	4612
Bergisch-Gladbach	02.11.2006	ICE 3	314
Salzburg	09.12.2006	ICE T	1115
Jüterbog	24.04.2007	ICE 2	236
Eberswalde	12.05.2007	ICE 2	222
Markt Holzkirchen	26.05.2007	ICE T	1160
Ostseebad Warnemünde	12.06.2007	ICE T	1178
Landshut	07.07.2007	ICE 1	157
Ilmenau	01.09.2007	ICE T	1153
Fürth	15.09.2007	ICE 3	324
Wehrheim (Taunus)	27.10.2007	ICE TD	5510
Neunkirchen	10.11.2007	ICE 3	326
Nauen	01.12.2007	ICE 2	213
Interlaken	07.12.2007	ICE 1	181
Kobenhavn	07.12.2007	ICE TD	5517
Wien	08.12.2007	ICE T	1190
Konstanz	19.04.2008	ICE 3	335
St. Ingbert	10.05.2008	ICE 3	358
Singen (Hohentwiel)	07.06.2008	ICE 3	315
Aalen	21.06.2008	ICE 3	309
Schaffhausen	10.07.2008	ICE 3	323
Uelzen	30.08.2008	ICE 2	211
Aarhus	12.09.2008	ICE TD	5507
Sonneberg	27.09.2008	ICE T	1154
Jever	18.10.2008	ICE TD	5518
Linz	22.10.2008	ICE T	1192
Neustrelitz	30.10.2008	ICE 2	237
Celle	29.11.2008	ICE 3	361
Travemünde	13.12.2008	ICE T	1152
Heusenstamm	20.03.2009	ICE 1	171
Gelnhausen	24.04.2009	ICE 1	166
Esslingen am Neckar	06.06.2009	ICE 3	333
Altenburg	27.06.2009	ICE 2	228
Ostseebad Heringsdorf	31.07.2010	ICE TD	5505
Traunstein	01.08.2010	ICE T	1167
Tutzing	21.07.2010	ICE T	1169

402 041 kommt aus der tief stehenden Abendsonne und wird am 23. März 1998 in Kürze Hannover-Leinhausen durchfahren. Foto: Christian Stolze

401 512 hat im Februar 2007 vor ein paar Minuten den Augsburger Hauptbahnhof verlassen und ist unterwegs nach München. Foto: Claudia Franke

Verantwortlich: Martin Distler
Schlusskorrektur: Angelika Boese
Satz: Azurmedia, Augsburg
Einbandgestaltung: Ralph Hellberg unter Verwendung von Fotos von Volker Emersleben (Titel) und Bernd Oliver Sydow (Rücktitel)
Repro: Cromika, Verona
Herstellung: Anna Katavic
Printed in Italy by Printer Trento

★★★★★

Sind Sie mit diesem Titel zufrieden? Dann würden wir uns über Ihre Weiterempfehlung freuen.
Erzählen Sie es im Freundeskreis, berichten Sie Ihrem Buchhändler, oder bewerten Sie das Werk online.
Und wenn Sie Kritik, Korrekturen oder Aktualisierungen haben, freuen wir uns über Ihre Nachricht an den GeraMond Verlag, Postfach 40 02 09, D-80702 München oder per E-Mail an lektorat@verlagshaus.de.

Unser komplettes Programm finden Sie unter www.geramond.de

Sie sind auf der Suche nach weiterführender Literatur zu Baureihen der DB? Dann empfehlen wir Ihnen den Titel „Baureihe 111". Oder Sie werfen einen Blick in das Werk „Baureihe 112/143". Hier werden Sie bestimmt fündig!

Die Deutsche Nationalbibliothek verzeichnet diese Publikation in der Deutschen Nationalbibliografie; detaillierte bibliografische Daten sind im Internet über http://dnb.d-nb.de abrufbar.

ISBN 978-3-95613-017-5